U0184244

国家出版基金项目
NATIONAL PUBLICATION FOUNDATION

现代水声技术与应用丛书
杨德森 主编

水声扩频通信及信号处理技术

殷敬伟 杜鹏宇 韩 笑 著

科学出版社
龙門書局
北 京

内 容 简 介

水声扩频通信是水下远距离传输和高可靠传输首选的通信手段。本书针对水声扩频通信在实际应用中遇到的问题，对扩频编码、解码以及相关水声信号处理技术等方面涉及的原理与方法进行系统介绍，并给出仿真和试验验证结果。主要内容包括：水声扩频通信技术、移动水声扩频通信技术、时间反转镜技术在水声扩频通信中的应用、码分多址水声通信技术、MIMO 水声扩频通信技术。

本书可作为声呐设计、水声通信、水声信号处理等领域科研人员和工程技术人员的参考书，也可作为高等院校船舶与海洋工程、水声工程、信息与通信工程等相关专业本科生和研究生的参考书。

图书在版编目（CIP）数据

水声扩频通信及信号处理技术 / 殷敬伟，杜鹏宇，韩笑著. —北京：龙门书局，2023.12

（现代水声技术与应用丛书/杨德森主编）

国家出版基金项目

ISBN 978-7-5088-6363-4

Ⅰ. ①水… Ⅱ. ①殷… ②杜… ③韩… Ⅲ. ①水声通信－信号处理②扩频通信－信号处理 Ⅳ. ①TN929.3②TN914.42

中国国家版本馆 CIP 数据核字（2023）第 245844 号

责任编辑：姜 红 常友丽 张 震 / 责任校对：崔向琳
责任印制：徐晓晨 / 封面设计：无极书装

科学出版社 龙门书局 出版
北京东黄城根北街 16 号
邮政编码：100717
http://www.sciencep.com

三河市春园印刷有限公司印刷
科学出版社发行 各地新华书店经销

*

2023 年 12 月第 一 版 开本：720×1000 1/16
2023 年 12 月第一次印刷 印张：13 1/4 插页：10
字数：275 000

定价：128.00 元

（如有印装质量问题，我社负责调换）

丛 书 序

海洋面积约占地球表面积的三分之二，但人类已探索的海洋面积仅占海洋总面积的百分之五左右。由于缺乏水下获取信息的手段，海洋深处对我们来说几乎是黑暗、深邃和未知的。

新时代实施海洋强国战略、提高海洋资源开发能力、保护海洋生态环境、发展海洋科学技术、维护国家海洋权益，都离不开水声科学技术。同时，我国海岸线漫长，沿海大型城市和军事要地众多，这都对水声科学技术及其应用的快速发展提出了更高要求。

海洋强国，必兴水声。声波是迄今水下远程无线传递信息唯一有效的载体。水声技术利用声波实现水下探测、通信、定位等功能，相当于水下装备的眼睛、耳朵、嘴巴，是海洋资源勘探开发、海军舰船探测定位、水下兵器跟踪导引的必备技术，是关心海洋、认知海洋、经略海洋无可替代的手段，在各国海洋经济、军事发展中占有战略地位。

从 1953 年中国人民解放军军事工程学院（即"哈军工"）创建全国首个声呐专业开始，经过数十年的发展，我国已建成了由一大批高校、科研院所和企业构成的水声教学、科研和生产体系。然而，我国的水声基础研究、技术研发、水声装备等与海洋科技发达的国家相比还存在较大差距，需要国家持续投入更多的资源，需要更多的有志青年投入水声事业当中，实现水声技术从跟跑到并跑再到领跑，不断为海洋强国发展注入新动力。

水声之兴，关键在人。水声科学技术是融合了多学科的声机电信息一体化的高科技领域。目前，我国水声专业人才只有万余人，现有人员规模和培养规模远不能满足行业需求，水声专业人才严重短缺。

人才培养，著书为纲。书是人类进步的阶梯。推进水声领域高层次人才培养从而支撑学科的高质量发展是本丛书编撰的目的之一。本丛书由哈尔滨工程大学水声工程学院发起，与国内相关水声技术优势单位合作，汇聚教学科研方面的精英力量，共同撰写。丛书内容全面、叙述精准、深入浅出、图文并茂，基本涵盖了现代水声科学技术与应用的知识框架、技术体系、最新科研成果及未来发展方向，包括矢量声学、水声信号处理、目标识别、侦察、探测、通信、水下对抗、传感器及声系统、计量与测试技术、海洋水声环境、海洋噪声和混响、海洋生物声学、极地声学等。本丛书的出版可谓应运而生、恰逢其时，相信会对推动我国水声事业的发展发挥重要作用，为海洋强国战略的实施做出新的贡献。

　　在此，向 60 多年来为我国水声事业奋斗、耕耘的教育科研工作者表示深深的敬意！向参与本丛书编撰、出版的组织者和作者表示由衷的感谢！

中国工程院院士　杨德森

2018 年 11 月

自　序

近年来我国在海洋研究上的投入越来越大。深入开展海洋信息网络前沿科学问题研究，推动水声信息学科的发展，支撑我国海洋科学观测与海洋装备研制，对于增强我国海洋科学观测与海洋安全防卫综合实力，以及推进实现我国建设海洋强国的目标都具有重要意义。

水声技术作为 21 世纪海洋开发的主导技术之一，拥有十分广阔的发展空间，而水声技术中的一个重要的研究领域便是水声通信。水声通信具有一系列优点，与有线水下通信相比它更加灵活、方便、经济，且在应用过程中不存在电缆缠绕或断裂的问题。水声通信在水下定位、导航、通信、探测等方面均发挥着至关重要的作用，目前已成为水下综合信息感知与信息交互的主要手段。在信息化海洋数据采集、海洋环境监测、海洋资源开发等战略领域中，水声通信一直都扮演着重要角色。例如，在开发深海油气资源时需要水声通信技术提供遥控、监测、信息传输等信息服务，以保证水下作业机器人与母船、深海固定基站之间实现安全可靠的协同作业。而在军事应用上，水声通信技术为水面舰艇、水下潜艇、无人水下航行器、智能水下航行器等彼此之间的联合作战提供可靠信息保障。随着各国对海洋的重视，对水声通信的需求将越来越大，水声通信技术已成为水下信息领域发展的核心技术之一。水声扩频通信是水声通信的一个重要分支，由于水声扩频通信技术具有抗干扰能力强、截获率低、多址能力强、抗多径干扰、保密性好等特点，它在远程和超远程水声通信、多用户水声通信、保密水声通信等领域具有重要的应用。

本书是作者所在课题组多年面向水声扩频通信及扩频多址水声通信研究成果的总结，主要针对水声扩频通信在实际应用中遇到的问题提出相应的解决方案，将理论与工程应用设计、试验验证有机结合。全书由 6 章组成。第 1 章简要介绍水声扩频通信基本知识、国内外发展现状及水声扩频通信网络化的发展，并从水声通信角度对水声信道进行介绍。第 2 章介绍几种水声扩频通信技术，针对载波相位跳变干扰分别给出了相应的扩频接收机算法，并对其性能进行分析。第 3 章在移动条件下进一步讨论水声扩频通信系统接收机算法，在第 2 章所讨论内容的基础上，针对多普勒效应提出相应扩频接收机算法，对原有接收机算法进行了改进。第 4 章围绕时间反转镜技术在水声扩频通信中的应用展开讨论，提出单矢量时间反转镜技术以及时间反转镜水声扩频通信技术。第 5 章在第 2、3、4 章的基础上开展扩频码分多址水声通信研究，结合水声信道物理特性和相应信号处理技术提出基于多址置零干扰抵消的空分多址水声通信系统。第 6 章针对目前较为流行的多输入多输出（multiple-input multiple-output, MIMO）通信技术开展 MIMO 水声扩频通信技术研究，通过对 MIMO 水声通信系统的数学建模，重点讨论 MIMO 频域均衡技术。

本书相关研究工作得到了国家自然科学基金委国家杰出青年科学基金项目（编号：62125104）、国家自然科学基金委青年科学基金项目（编号：61701449、61901136）以及中国科协青年人才托举工程项目（编号：20200069、20200374）的资助。在此特向资助机构和背后默默支持我们科研工作的评审专家表示真诚的感谢。没有上述基金的长期稳定资助，就没有本书相关科研成果的积累。

本书由哈尔滨工程大学殷敬伟教授、中国船舶集团有限公司第七一五研究所杜鹏宇高级工程师、哈尔滨工程大学韩笑副教授合作撰写。殷敬伟教授负责统稿，杜鹏宇高级工程师和韩笑副教授负责定稿，其中殷敬伟教授负责撰写第 3、5 章，杜鹏宇高级工程师负责撰写第 2、6 章，韩笑副教授负责撰写第 1、4 章。在本书撰写过程中，博士研究生门伟、李子蓓、李伟哲、李卿基、蒋志超、佟文涛、殷宏宇，以及硕士研究生张文涛、王高程、陈灿仪、蒋俊振、张子轩、马开圣、宋熔基、蔡昆曜、宋宏志做了大量文字和图片整理工作，感谢他们的辛勤努力和热心帮助。

在本书撰写过程中，作者参考了一些学者的科研成果，均列在了参考文献中，受益匪浅，在此表示衷心感谢！由于作者水平和经验有限，本书的研究无论在广度与深度上都需要进一步完善，也难免有不妥之处。在此权作抛砖引玉，希望能够引发更多学者在水声通信领域的思索与研究，同时也敬请读者批评指正。

殷敬伟

2023 年 4 月

目　　录

丛书序
自序
第1章　绪论 ··· 1
　　1.1　水声信道 ·· 2
　　　　1.1.1　浅海水声信道 ·· 6
　　　　1.1.2　北极水声信道 ·· 10
　　　　1.1.3　深海水声信道 ·· 16
　　1.2　水声扩频通信国内外发展现状 ·· 25
　　　　1.2.1　水声扩频通信及接收机算法国内外发展现状 ········· 26
　　　　1.2.2　移动水声扩频通信国内外发展现状 ······················ 28
　　　　1.2.3　码分多址水声通信国内外发展现状 ······················ 29
　　　　1.2.4　MIMO 水声扩频通信国内外发展现状 ················· 31
　　　　1.2.5　水声扩频通信特征提取与参数估计国内外发展现状 ··· 32
　　参考文献 ··· 33
第2章　水声扩频通信技术 ·· 37
　　2.1　直接序列水声扩频通信 ··· 37
　　　　2.1.1　差分相关检测器 ··· 39
　　　　2.1.2　差分能量检测器 ··· 42
　　　　2.1.3　两种检测器的性能分析 ······································· 44
　　2.2　循环移位水声扩频通信 ··· 51
　　　　2.2.1　循环移位能量检测器 ·· 51
　　　　2.2.2　循环移位能量检测器性能分析 ····························· 53
　　2.3　M 元水声扩频通信 ·· 55
　　　　2.3.1　M 元能量检测器 ··· 56
　　　　2.3.2　正交组合序列 ··· 57
　　　　2.3.3　M 元能量检测器性能分析 ··································· 59
　　2.4　组合水声扩频通信 ··· 62
　　2.5　Pattern 时延差编码水声扩频通信 ··································· 65
　　　　2.5.1　PDS 扩频体制 ·· 66

　　　2.5.2　PDS 扩频体制抗多途性能分析 ·························· 73
　2.6　M 元混沌扩频 PDS 通信 ································· 75
　　　2.6.1　混沌扩频码的产生 ································· 75
　　　2.6.2　分组 M 元扩频 PDS 通信 ·························· 78
　2.7　基于广义正弦调频的 M 元扩频通信探测一体化 ············· 81
　　　2.7.1　广义正弦调频信号 ································· 81
　　　2.7.2　M 元扩频通信探测一体化 ························· 84
　参考文献 ··· 87
第 3 章　移动水声扩频通信技术 ····························· 88
　3.1　移动水声信道 ····································· 88
　　　3.1.1　时变多途扩展干扰 ································· 88
　　　3.1.2　多普勒效应时域压缩扩展干扰 ······················ 89
　　　3.1.3　快速载波相位跳变干扰 ··························· 93
　3.2　直扩水声通信中的多普勒估计 ························· 95
　　　3.2.1　基于扩频序列的多普勒估计方法 ····················· 95
　　　3.2.2　基于模糊函数的时延-多普勒估计方法 ················ 98
　3.3　直扩移动水声通信 ································· 105
　　　3.3.1　改进的差分能量检测器 ·························· 105
　　　3.3.2　双差分相关检测器 ······························ 108
　　　3.3.3　解差分扩频检测器 ······························ 109
　3.4　M 元移动水声扩频通信 ····························· 111
　3.5　差分 PDS 移动水声扩频通信 ························· 112
　　　3.5.1　差分 PDS 原理 ································· 113
　　　3.5.2　系统抗多普勒干扰性能分析 ······················ 114
　　　3.5.3　系统有效性与可靠性分析 ························· 115
　参考文献 ··· 116
第 4 章　时间反转镜技术在水声扩频通信中的应用 ·············· 117
　4.1　时间反转镜技术简介 ······························ 117
　4.2　主动时间反转镜 ··································· 118
　　　4.2.1　频域相位共轭原理 ······························ 119
　　　4.2.2　时域时间反转镜原理 ···························· 121
　4.3　被动时间反转镜 ··································· 123
　　　4.3.1　被动时间反转镜原理 ···························· 123
　　　4.3.2　基于扩频序列的信道估计 ························· 125

4.4　自适应时间反转镜 ……………………………………………… 127

4.5　时间反转镜水声扩频通信 …………………………………… 129

参考文献 ………………………………………………………… 138

第 5 章　码分多址水声通信技术 ……………………………… 139

5.1　多址通信技术 ………………………………………………… 139

5.2　DS-CDMA 水声通信系统 …………………………………… 142

5.3　多址置零干扰抵消技术 …………………………………… 144

5.4　单矢量空分多址技术 ……………………………………… 151

5.4.1　单矢量有源平均声强器 ……………………………… 151

5.4.2　时间反转镜在多用户通信中的应用 ………………… 154

5.4.3　DS-SCDMA 水声通信系统 …………………………… 160

参考文献 ………………………………………………………… 169

第 6 章　MIMO 水声扩频通信技术 …………………………… 171

6.1　MIMO 系统模型 ……………………………………………… 171

6.2　MIMO 水声扩频通信系统 …………………………………… 173

6.2.1　系统模型 ……………………………………………… 173

6.2.2　MIMO 信道估计 ……………………………………… 176

6.3　MIMO 频域均衡技术 ………………………………………… 178

6.3.1　聚焦屏蔽权向量 ……………………………………… 178

6.3.2　求逆权矩阵 …………………………………………… 183

6.4　M 元扩频编码在 MIMO 水声通信中的应用 ………………… 187

参考文献 ………………………………………………………… 198

索引 ………………………………………………………………… 199

彩图

第1章 绪 论

水声通信具有灵活、方便、经济、不存在电缆缠绕等特点，可实现水下导航、定位、信息交换、通信联络和安全保障所需的信息传输，是实现水下综合信息感知与信息交互的主要手段[1]。在信息化海洋数据采集、海洋资源开发、海洋环境监测等关系到我国可持续发展的商业战略领域中，水声通信扮演着重要角色。在军事方面，为保证水下作战系统各单元之间信息互联互通的隐蔽性，水声通信将是一种最有前途的水下通信方式。

水声通信的历史可以追溯到1914年，在这一年水声电报系统研制成功，可以看作是水下无线通信的雏形。随着海洋开发、海洋军事的发展，水声通信在第二次世界大战后开始得到重视。世界上第一个具有实际意义的水声通信系统是美国海军研究办公室（Office of Naval Research, ONR）于1945年研制的水下电话，该系统使用单边带调制技术，载波频率8.33kHz，主要用于潜艇之间的通信。早期的水声通信多使用模拟频率调制技术[2]。如美国伍兹霍尔海洋研究所在20世纪50年代末研制的调频水声通信系统，使用20kHz的载波和500Hz的带宽，实现了水底到水面船只的通信；我国的660通信声呐采用单边带调制技术进行语音通信。但是模拟调制系统受水声信道衰落引起信号畸变的影响较大，并且系统的功率利用率低，限制了系统性能的提高。

直到20世纪70年代至80年代初期，随着电子技术和信息科学突飞猛进的发展，水声通信技术也得到了迅速发展，新一代的水声通信系统开始采用数字调制技术。与模拟通信相比，数字通信具有抗干扰性强，可对时间、频率扩展进行一定程度的均衡，便于利用纠错编码技术来提高数据传输的可靠性和保密性，设备易于集成化等优点。近年来，水声通信系统均使用数字通信方式，研制出多种水声调制解调器，其调制技术也选择多样。

水声通信是一个快速发展的科研领域，许多当前应用领域都要求进行实时通信，不仅需要点对点的链路，更需要网络化配置链路。当今水声通信的前景就是由移动节点和静止节点共同构成的水声通信网。国外一些机构已经开始组建水下通信网络，到目前为止，组建、研究的水声信息网十余个，部分已投入实际使用。但是国内在水声通信网络化方面的研究较少。

高速、稳健的点对点通信是实现水声通信网络化的基础。只有解决了点对点通信才可构建水下信息网，因此美国把它列为 21 世纪重大研究课题。目前，固定节点间通信技术发展迅速，已进入实用阶段，但移动水声通信尚处于研究阶段，性能有待进一步提高。随着海洋资源开发，水下机器人及各种潜器、潜艇等对水下无线通信需求大的平台技术的迅速发展，深海、浅海中远程水声通信技术研究迫在眉睫，它必将成为水下信息领域发展的核心技术之一。

1.1　水　声　信　道

在无线通信领域里，水声信道是公认的非常复杂的无线信道之一[3-6]，它严重制约着水声通信系统的性能。水声信道主要可分为浅海声信道、深海声信道以及极地冰下声信道，它们的主要区别在于浅海信道在声信号传播过程中将经过多次海底海面反射，深海信道则不考虑海底对声信号传播的影响[7-13]，北极冰下信道由于其独特的环境特点存在双声道声传播等特点[14]。本节将对以上三种典型信道进行分析和介绍。移动水声通信信道特性请见 3.1 节。

与无线电信道相比，浅海声信道主要具有以下几个特点：①由于海水对声波的吸收作用，声信号中的高频分量在传播过程中将严重衰减，因此水声信道的带宽将受到限制，通常只有几千赫兹到几万赫兹；②由于传播过程中与海底海面发生多次反射，声信号从声源出发将沿不同路径在接收端延迟相干叠加，形成多途扩展效应，导致水声通信信号受到严重的码间干扰；③由于声速远小于光速，与无线电信道相比，水声信道将出现严重的多普勒干扰；④水声信道具有时变特性，复杂的海洋内部环境以及随机起伏的海面将严重缩短水声信道的相干时间。通常以水声信道相干时间函数来描述水声信道的时变特性[15]：

$$\Gamma(\tau) = \left\langle \frac{\left[h^{*}(t)h(t+\tau) \right]}{\sqrt{\left[h^{*}(t)h(t) \right]\left[h^{*}(t+\tau)h(t+\tau) \right]}} \right\rangle \qquad (1\text{-}1)$$

式中，$h(t)$ 表示 t 时刻的水声信道系统函数；$h(t+\tau)$ 表示 $t+\tau$ 时刻的水声信道系统函数；$[ab]$ 表示 a 和 b 的互相关函数最大值；$\langle \cdot \rangle$ 表示求不同 t 时刻的统计平均值；上标"$*$"表示取共轭运算，本书将固定采用此符号表示取共轭运算，在后续公式推导说明中将不再对此特别说明。在实际应用中也可以通过计算不同时刻水声信道系统函数间的互相关系数来衡量水声信道的时变性。

综上，水声信道是一个带宽有限的、空变时变的双扩展信道，给高质量水声通信带来严峻的挑战。高质量水声通信技术研究的目标是设计出适用于不同海域的水声通信接收机算法，而通过建立不同海域的水声信道模型来研究水声信道的性质将有助于水声通信系统的设计及性能预测。目前已有多种海洋声信道计算模型，主要包括简正波理论、射线声学理论、抛物方程方法[16]、有限元方法等。但是，不同海域的环境差异将使得水声信道建模变得十分困难。这主要是因为声信号在海洋信道传播过程中受水体不均性（如内波、湍流等）影响严重，同时声信号还将时刻在不平整海面处发生散射，而海洋的复杂运动使得上述因素呈现时变和空变特性[17]。通过给定声速梯度分布，低频水声信道可以通过模型较好地模拟，因为低频条件下可以忽略小尺度介质波动的影响。但是高频（>10kHz）水声信道很难通过现有模型较好地进行模拟，因为高频条件下小尺度介质波动影响不能被忽略。另外，高频声波在随机起伏海面的散射也是目前无法对水声信道完美建模的一个主要原因。即使大尺度海浪谱可以得到很好的测量，但由于海浪拍击及海面附近气泡等影响小尺度海浪谱，以及海面附近的声速梯度分布目前无法得到很好的测量，这些参数的缺失使得高频水声信道的建模变得更加困难[18-19]。

由于目前还没有适用于模拟各海域的通用水声信道（尤其是高频条件下的水声信道）模型，因此通过实际接收海试数据估计得到的水声信道冲激响应函数来研究当前海域的水声信道特性是一个较好的方法。我们将主要通过实际接收数据关注水声信道以下 4 点特性。

（1）水声信道时间相关性。水声信道的时间相关性是浅海水声信道的一个主要特性，它将直接决定发射通信信号中的符号宽度以及在对接收通信信号处理时的信道更新速度。

（2）水声信道空间相干半径。水声信道的空间相干半径体现了其空间特性，水声通信系统可以很好地利用水声信道的空间差异性来显著提高系统性能。

（3）水声信道中各个路径幅度和相位统计特性。将水声信道看成相干多途信道模型，各个路径的幅度和相位统计特性对信道均衡器参数设计具有指导意义。

（4）水声信道的随机特性。实际水声信道除了明显的相干多途路径外还伴有一些较弱的随机散射路径。我们可以利用相干多途信道模型估计得到的信道和原始发送信号来模拟接收信号，水声信道的随机特性定义为模拟接收信号与实际接收信号的均方误差。由此可知，均方误差越大，系统误码率越高。

图 1-1 通过实际接收数据给出了浅海水声信道的部分特性测试结果。

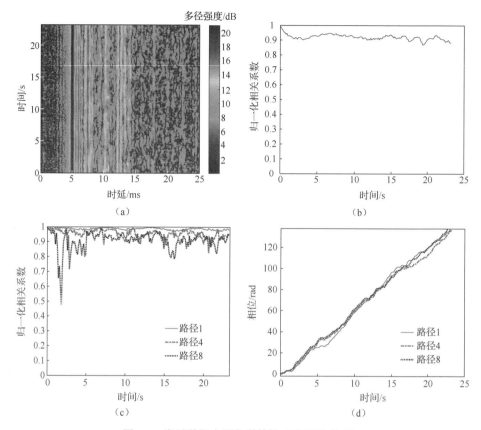

图 1-1　海试数据实测信道特性（彩图附书后）

从图 1-1（a）中可以看到，实测浅海通信信道多途结构明显。信道在观测时间内（约 25s）较为稳定，发生缓慢时变。图 1-1（b）为不同时刻观测的水声信道与初始时刻观测的水声信号归一化相关系数曲线。相关系数曲线用来描述水声信道的时间相关性，可以看到由于试验时海况良好，在观测时间内水声信道的相关特性良好。通过实测水声信道中各个极大值点及极大值点附近的半功率点可以确定实测水声信道的各个路径。图 1-1（c）给出了实测水声信道第 1、4、8 路径的相关特性测试结果，可以看到实测浅海信道的第 1、4 条路径具有较高的时间相关性，第 8 条路径的时间相关性出现波动。图 1-1（d）为各个路径的相位测试结果，每条路径的相位都在发生变化，其变化趋势相同，每条路径的相位是以初始时刻相位为参考进行相关运算测得的。由于试验当天海面较为平整，海水中声速近似等梯度分布，因此实测浅海水声信道各个特性均较为稳定。当海况复杂时，水声信道的相关特性以及各个路径的相关特性将急剧下降，各个路径的相位跳变将加快。

在水声扩频通信中，我们将主要关注图 1-1 给出的浅海水声信道特性。这是因为，水声扩频通信接收端通常将本地参考扩频序列与接收扩频信号进行匹配处理,匹配处理增益将体现在信道的各个路径上,因此只要在扩频符号持续时间内水声信道的各个路径明显且相关特性良好,水声扩频通信系统就可以实现较高质量的水声通信。但水声信道各个路径上的相位是随时间变化的 [图 1-1(d)],这对扩频信号的直接影响是:接收扩频信号的载波出现明显随时间变化的相位。这一时变相位将严重影响本地扩频序列与接收扩频信号的匹配输出增益,我们将这种变化的相位干扰称为载波相位跳变干扰。载波相位跳变干扰在复杂海况以及通信双方存在明显相对运动时会变得更加严重,将直接导致水声扩频系统无法正常工作。因此,本书将围绕载波相位跳变干扰问题来研究对载波相位跳变不敏感的扩频接收机算法。

事实上,对于水声扩频通信系统而言,通常只关注水声信道的几个主要路径。水声信道主要路径是指最大幅度路径以及幅度与最大幅度相差不超过 3dB 的路径。在扩频通信系统接收端匹配处理后,匹配增益(扩频增益)将集中在水声信道的主要路径上,其他路径将被视为噪声干扰忽略掉。图 1-1(a)中为了凸显水声信道多途结构,每条路径以分贝形式给出,图 1-2 给出了相同海试数据下水声信道幅度归一化输出测试结果。从图 1-2 中可以清晰地看到,对于水声扩频通信系统而言,实测海试信道只有一条主要路径。因此该信道结构对水声扩频通信系统来说较为简单,在此信道结构影响下水声扩频通信系统仍将保持较高的稳定性。对于水声扩频通信系统来说,图 1-2 的水声信道结构测试输出结果要比图 1-1(a)中的输出结果更加形象地说明水声信道对水声扩频通信系统的影响程度,因此本书后面基于实际数据测得的水声信道都将以信道幅度归一化结果给出。

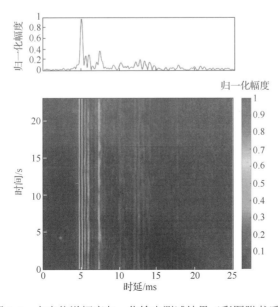

图 1-2 水声信道幅度归一化输出测试结果(彩图附书后)

本书针对所给出的水声扩频通信系统及算法进行了大量的湖试、海试验证，下面给出几次典型试验水域的实测水声信道结果。

1.1.1　浅海水声信道

我国领海中渤海、黄海及东海的大部分区域以及南海的部分区域均为浅海。与深海环境相比，浅海环境下水声信道具有更加复杂的多途时延结构，并且往往伴随着较强的时变特性。另外，相比于深海区域，浅海环境中具有更多的人类活动，因此具有更高的环境噪声。这些因素使得浅海环境中的水声通信接收机算法面临更大的挑战。

2015 年 1 月，作者所在课题组在大连小长山岛附近海域进行了水声扩频通信试验，试验海域平均深度约 35m，海底主要为淤泥。为方便说明，将 2015 年 1 月海试命名为 ExDL01。

图 1-3 给出了 ExDL01 试验实测水声信道，可以看到信道存在一定的时变特性，多途扩展不超过 20ms。图 1-3（b）给出的实测信道时间相关性曲线表明，虽然信道在观测时间内（约 25s）随时间发生变化，但其时间相关性幅度均保持在 0.7 以上，因此在此观测时间内可认为信道为时不变信道。图 1-3（c）给出了相邻扩频符号持续时间内测得的水声信道相关特性曲线，可以看到水声信道在相邻扩频符号持续时间的观测时间内（约 511ms）相关性更高。图 1-3 为典型浅海海域水声信道实测结果（海面较为平静）。

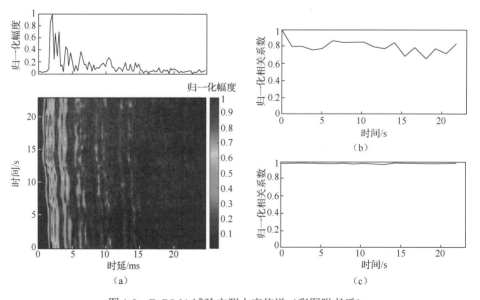

图 1-3　ExDL01 试验实测水声信道（彩图附书后）

2021 年 7 月，作者所在课题组在南海某海域进行了水声通信试验，试验海域平均深度约 103m。为方便说明，将 2021 年 7 月海试命名为 ExNH01。图 1-4 为试验区域声速测量结果，为典型的负梯度声速剖面结构。

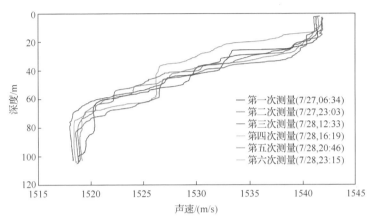

图 1-4 ExNH01 试验区域声速剖面图（彩图附书后）

试验过程中接收阵以潜标的形式布放，位置固定，8 元自容水听器阵分布在 18～83m 的深度范围内。发射换能器布放深度为 20m。发射船移动，在距离潜标阵列 5km、7km 和 15km 三处发射水声通信信号。

5km 距离处的水声信道估计结果如图 1-5（a）所示，其中多途信道的最大时延约为 25 个符号，即 25ms。图 1-5（a）中有 4 条比较明显的信道多途且直达声晚于反射声到达，表现出非因果多途时延信道结构。多途信道的直达声和反射声的到达时间和功率均随时间发生较大的变化。图 1-5（b）给出了信道的时变特性，可见 5km 处的多途信道具有较强的时变性。

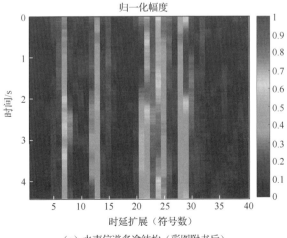

（a）水声信道多途结构（彩图附书后）

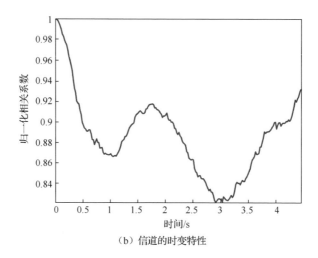

（b）信道的时变特性

图 1-5　5km 距离处的水声信道特性

　　7km 距离处的水声信道估计结果如图 1-6（a）所示，其中多途信道的最大时延约为 35 个符号，即 35ms。如图 1-6（a）所示，信道多途中的直达声晚于反射声到达，表现出非因果多途时延信道结构。多途信道主要途径增加，信道仍然表现出较强的分组稀疏性。多途信道的直达声和反射声的到达时间和功率均随时间发生较大的变化。图 1-6（b）给出了信道的时变特性，可见 7km 处的多途信道具有较强的时变性。

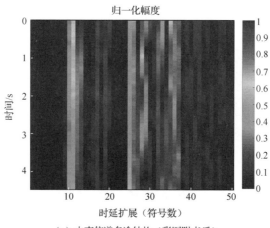

（a）水声信道多途结构（彩图附书后）

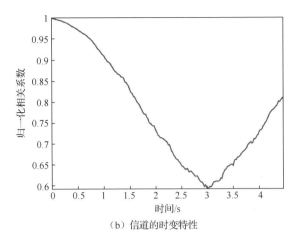

（b）信道的时变特性

图 1-6　7km 距离处的水声信道特性

　　15km 距离处的水声信道估计结果如图 1-7（a）所示，相比于 5km 和 7km 的多途信道结构，15km 时多途信道的时延增大，约为 40ms，而且其稀疏性降低。这使得相比于近距离，15km 距离通信信号的解码算法需要进行大的调整。如图 1-7（a）所示，信道多途中的直达声晚于反射声到达，表现出非因果多途时延信道结构。多途信道的直达声和反射声的到达时间和功率均随时间发生较大的变化。图 1-7（b）给出了信道的时变特性，可见 15km 处的多途信道具有较强的时变性。

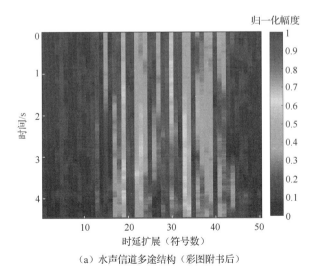

（a）水声信道多途结构（彩图附书后）

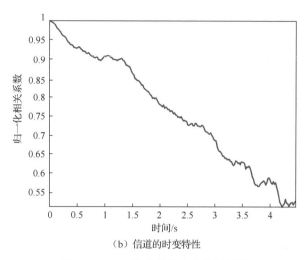

（b）信道的时变特性

图 1-7   15km 距离处的水声信道特性

浅海水声信道在不同的距离处均表现出了较复杂的多途时延结构，并且都具有较强的时变特性。这些特征使得接收机算法需要具备较强的抗多途时延和抗时变能力。另外，在 5km 和 7km 距离处的水声信道具有明显的稀疏性或者分组稀疏性，这为降低接收机算法的计算复杂度提供了可能。而 15km 距离处的信道稀疏性明显降低，并且信号的信噪比较低，这对接收机算法提出了较大的挑战。

1.1.2   北极水声信道

北极大部分海域被冰层覆盖，海冰的存在减少了海水与阳光的能量交互，并隔绝了风、浪等恶劣环境对水下声场的影响。极地独特的地理位置使得其声传播特征与非极地海域有着明显的不同，其大部分水域整个水层都是正梯度的声速剖面，这也就意味着声波在传播过程中将反复与冰盖下表面相互作用，能量损失很大。并且当冰块碰撞或者破裂时，环境噪声中会包含大量的脉冲噪声，影响通信的性能。但同时又因为冰层结构相对稳定，使得冰下信道的时间相干性较强，信道更加稳定。

另外，在极地部分海域（如波弗特海域和加拿大海盆附近）由于太平洋暖流侵入产生了一种特殊的极地双声道声学环境，被称为"波弗特透镜"。这种特殊的双声道声速剖面重新分配了深度方向上的声能，并对声传播产生了深刻影响。不同于北极传统单一的表面声道，在双声道声学环境中存在两个典型的声传播通道，一个是在 0～80m 深度范围内声速随深度递增，被称为上表面波导，另一个是在 80～300m 深度范围内声速随深度增加先减小后增大，被称为下表面波导。其中在上表面波导传播的声能将不断与冰层相互作用，冰水耦合界面的复杂特性使得声能在上表面有很大的损失，而位于下表面波导水平传播的声能将会被该声道捕获，不会受到海冰反射和散射机理的影响，声能损失较小。同时由于双声道上表面波导的空间隔离和滤波效应，下表面波导中噪声水平较低。这种特殊的双声道波导效应使得在极地冰下进行远距离通信、探测、定位导航等成为可能。

2018 年 7 月 20 日至 2018 年 9 月 26 日，在中国第九次北极考察期间，作者所在课题组开展了冰下声传播、冰下水声通信等试验，记录了不同位置的北极冰下水声信道，将本次考察命名为 ExBJ09。

图 1-8（a）给出了观测到的具有双轴声信道效应的声速剖面数据。在这样的波导效应作用下，声传播过程中的部分声线会被限制在较低的声道轴附近，如图 1-8（b）所示的红色声线，其不会经过冰-水上表面以及海底下表面的反射，声能损失较小，从而得以较远距离的传播。

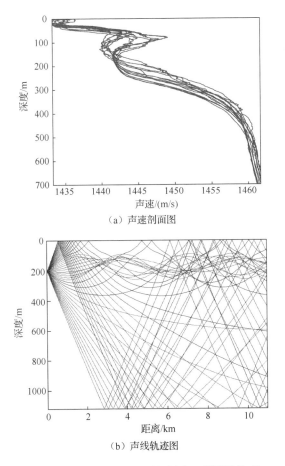

（a）声速剖面图

（b）声线轨迹图

图 1-8 声速剖面图和声线轨迹图（彩图附书后）

　　在中国第九次北极考察期间,作者所在课题组在 4km 距离处进行了短期冰站与雪龙号之间的冰下声学通信试验。在短期冰站上布放由 5 个间隔为 10m 的自容式水听器组成的垂直接收阵列,最上方的水听器距离冰面约 20m。雪龙号的甲板上布放频段为 2~8kHz 的换能器,深度为 50m。图 1-9 给出了本次试验测得的冰下水声信道结构。可以看出,北极冰下水声信道呈现明显的稀疏特性,在不同深度上的信道冲激响应都存在有限个主要途径,并且信道结构相对稳定,多途时延大于 10ms。此外,如图 1-9(a)所示,在北极冰下水下声信道中最先到达的路径不一定能量最强,出现了直达波晚于反射波到达的现象。

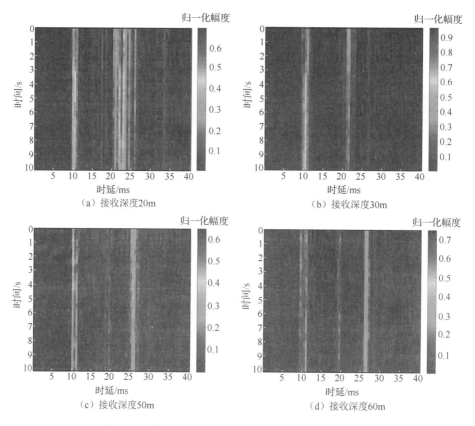

图 1-9　不同深度下的信道冲激响应(彩图附书后)

　　2018 年 8 月 18 日 01:46 至 18:56,作者所在课题组在位于 84°09′47.10″N、167°15′44.38″W 的长期冰站进行了冰下环境噪声测量试验,如图 1-10 所示。图 1-10(a)给出了长期冰站的海冰情况,可以看到在试验站点附近存在很多堆积的海冰,这些海冰较为活跃,试验过程中水听器记录到一些冰层碰撞和破裂的噪声。

(a)

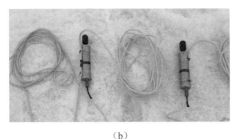

（b）

图 1-10 冰下噪声观测试验（彩图附书后）

图 1-11（a）和图 1-12（a）分别为冰层碰撞噪声和破裂噪声的时域波形，两种噪声都含有很多冲激成分，它们的幅度远高于不存在冲激时周围环境噪声的幅度。不同的是由冰碰撞引起的冲激噪声会持续一段时间（>3s），而由冰破裂引起的冲激噪声持续时间很短（几毫秒或几十毫秒）。图 1-11（b）和图 1-12（b）则是其各自的噪声时频图，脉冲噪声影响使得北极冰下噪声含有很宽的频率范围，从很低的频率到很高的频率都存在。不同的是碰撞噪声主要能量集中在<1kHz 的低频段，而破裂噪声的主要能量集中在<3kHz 的低频段，比冰碰撞噪声的频段更高。

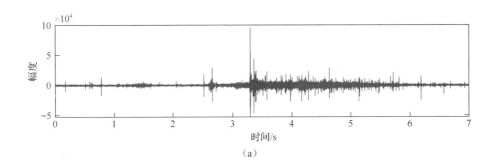

(a)

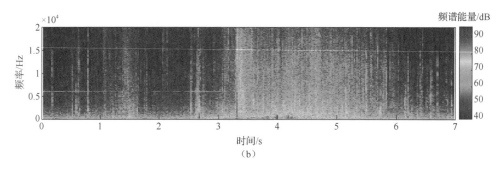

图 1-11 北极冰层碰撞噪声（彩图附书后）

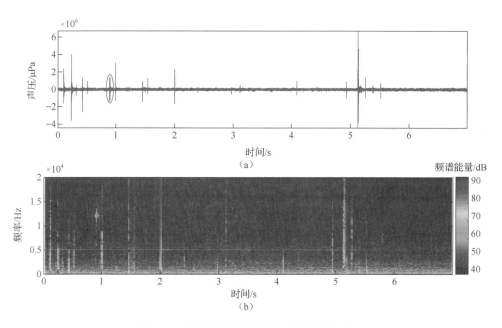

图 1-12 北极冰层破裂噪声（彩图附书后）

图 1-13 和图 1-14 分别为冰层碰撞噪声和破裂噪声统计特性图，分别利用高斯分布和 SαS 分布来拟合这两种噪声。其中 SαS 分布是一类重尾分布，它的特征函数为 $\varphi(\omega)=\mathrm{e}^{-\gamma|\omega|^{\alpha}}$，$\alpha$ 值越小，表明噪声中所含的冲激成分越多，并且当 $\alpha=2$ 时，SαS 分布变为高斯分布。对于冰层碰撞噪声，高斯分布均值和方差分别为 $\mu=18.7, \delta=1744$，SαS 分布参数为 $\alpha=1.22, \gamma=529$。对于冰层破裂噪声，高斯分布均值和方差分别为 $\mu=24.6, \delta=779$，SαS 分布参数为 $\alpha=1.91, \gamma=262$。可见与冰层碰撞噪声相比，冰层破裂噪声的 α 值更大，冲激性更弱。这种现象是合理的，因为尽管瞬时破裂会产生强烈的脉冲噪声，但这种现象并非总是会发生。实际上，

这种情况很少发生并且持续时间很短。因此，就长期统计而言，这些偶然的冰层破裂噪声不会对 α 值产生大的影响。同时冰层碰撞噪声和破裂噪声的概率密度函数具有重尾特性，SαS 也是重尾的，能很好地拟合脉冲成分，而高斯分布的概率密度函数在噪声幅度很大时急剧下降。因此基于高斯分布假设的算法在碰撞噪声和破裂噪声中性能损失严重，而 SαS 分布的拟合效果更好。

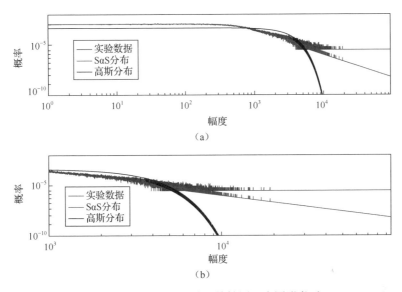

图 1-13　冰层碰撞噪声统计特性图（彩图附书后）

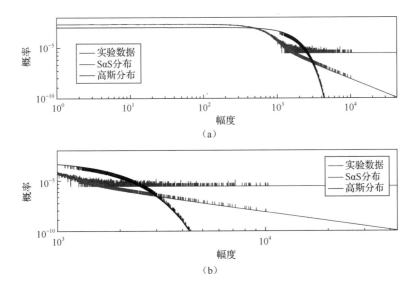

图 1-14　冰层破裂噪声统计特性图（彩图附书后）

1.1.3　深海水声信道

深海信道广泛存在于全球各大洋中，是深海中的特殊声波导，由深海声速分布特性决定。由于受温度、压力以及其他因素的影响，深海中的声速随海深的变化呈现出具有极小值点的二次曲线形状，其声速极小值所处的深度称为声道轴[19]。在声道轴上方声速增大的主要原因是海水表面温度的升高，而声道轴下方声速增大的主要原因是海水静压力的增大。极小值深度附近的声速梯度使得出射声线不断向声道轴弯曲。因此，在深海声道中，声源发射能量有一部分由于未经海面和海底反射所引起的声能损失而保留在声道内。由于传播损失较小，特别是当声源位于声道轴处时，一个中等功率声源发射的声信号可以在声道轴传播得很远，尤其对于吸收较小的低频声信号可传播更远。

2019 年 10 月，作者所在课题组在南海进行了深海水声通信组网试验。试验区域的声速剖面如图 1-15 所示，在试验海域，深度 0～40m 为声速正梯度区间，声速最小点在 1066m，深度 40～1066m 为声速负梯度区间，深度 1066m 以下为声速正梯度区间。

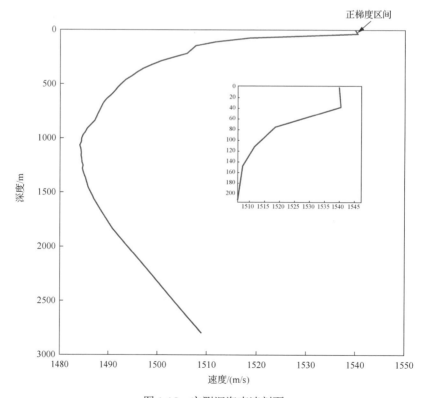

图 1-15　实测深海声速剖面

图 1-16 中标注了海面接收的位置（水平距离分别为 6.15km、12.08km）和声道轴接收的位置（水平距离为 40.12km）。声源为水声通信机节点，分别布放于声道轴（水下 1050m）和海面（水下 20m）附近。

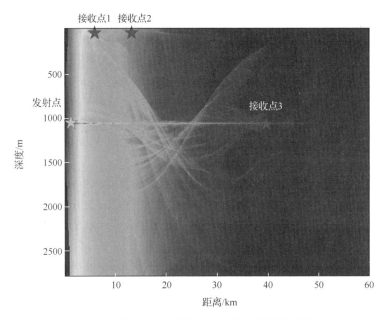

图 1-16　试验过程中首发节点位置（彩图附书后）

图 1-17 给出了海面与声道轴的噪声功率谱。可以看出：在低频段，海面噪声明显高于声道轴，这主要是由海面试验船的汽油机发电机振动引入的；在高频段，

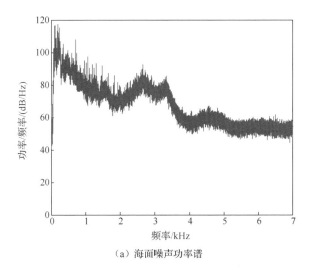

（a）海面噪声功率谱

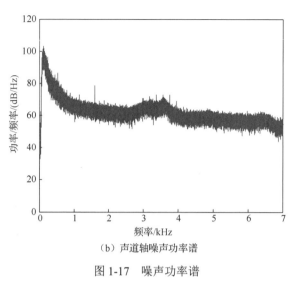

（b）声道轴噪声功率谱

图 1-17　噪声功率谱

声道轴噪声高于海面，这是因为水听器捆绑在长 1800m 的凯芙拉（聚对苯二甲酰对苯二胺纤维）绳上，海流引起绳的振动以及水听器与绳之间的摩擦导致噪声增大。

1. 声道轴-海面信道测试结果

图 1-18 是声道轴处发射、海面 6.15km 处 8 元接收阵测量得到的信道冲激响应，信道时延扩展约为 10ms。图 1-19 和图 1-20 所示是通道 1～8 的信道冲激响应放大，由图可见，在 6.15km 的通信距离处，各通道的归一化相关峰幅度在 0.6 左右。

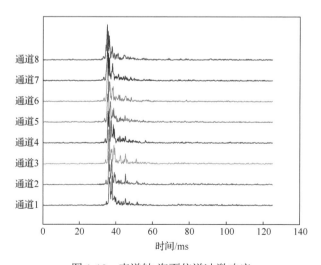

图 1-18　声道轴-海面信道冲激响应

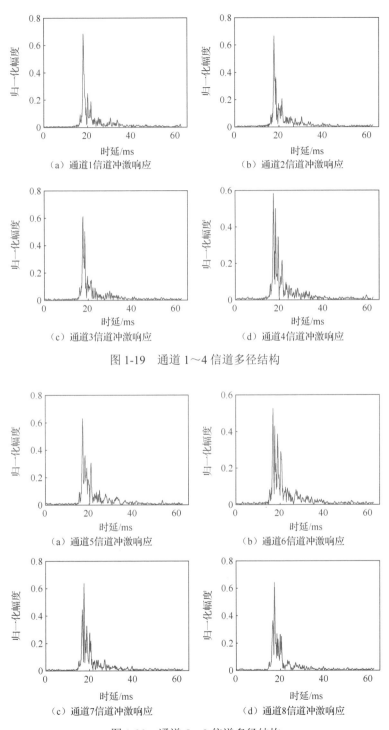

（a）通道1信道冲激响应　　　　　　（b）通道2信道冲激响应

（c）通道3信道冲激响应　　　　　　（d）通道4信道冲激响应

图 1-19　通道 1～4 信道多径结构

（a）通道5信道冲激响应　　　　　　（b）通道6信道冲激响应

（c）通道7信道冲激响应　　　　　　（d）通道8信道冲激响应

图 1-20　通道 5～8 信道多径结构

图 1-21 给出了利用帧同步信号测量得到的信道时间相关性和空间相关性。通道 1～8 的时间相关性表明，声道轴-海面的信道时变较快，以时间相关性 0.8 作为基准，可得到通道 1～8 的时间相关半径约为 2s。通道 1～8 的空间相关性分析表明，不同数据接收时刻的空间相关性存在起伏，总体随深度增加呈现出下降趋势，表明了空间差异的增加，有利于通过收集空间分集提升接收机性能。

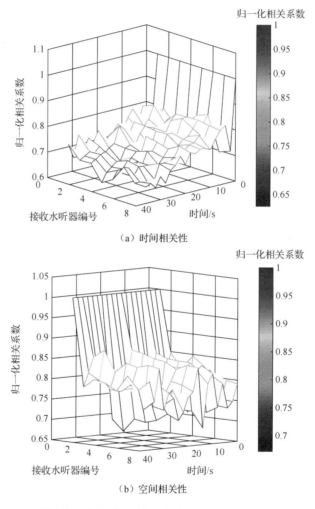

（a）时间相关性

（b）空间相关性

图 1-21　利用帧同步信号测量得到的信道相关性（彩图附书后）

2. 声道轴-声道轴信道测试结果

图 1-22 是声道轴水声信道（距离 40.12km）实测结果。图 1-23 为通道 1～4

的信道多径结构，时延长度在 5～10ms。图 1-24 为通道 5～8 的信道多径结构。

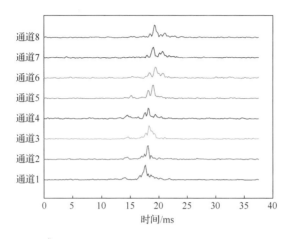

图 1-22　通道 1～8 信道冲激响应

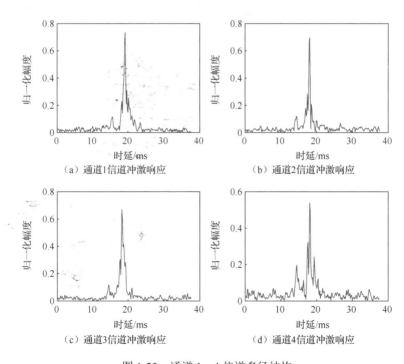

（a）通道 1 信道冲激响应　　　　（b）通道 2 信道冲激响应

（c）通道 3 信道冲激响应　　　　（d）通道 4 信道冲激响应

图 1-23　通道 1～4 信道多径结构

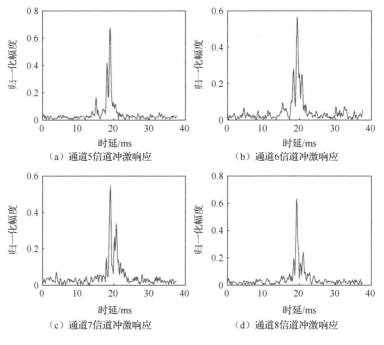

（a）通道5信道冲激响应　　　　　　（b）通道6信道冲激响应

（c）通道7信道冲激响应　　　　　　（d）通道8信道冲激响应

图 1-24　通道 5～8 信道多径结构

　　图 1-25 给出了声道轴信道时间相关性和空间相关性测试结果，可以看到声道轴信道在时间和空间上均具有较强的相关性。

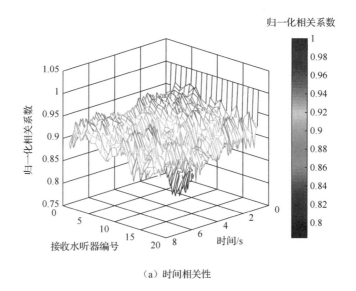

（a）时间相关性

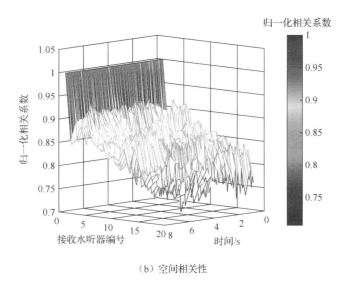

（b）空间相关性

图 1-25 声道轴信道相关性（彩图附书后）

3. 海面-海面信道测试结果

图 1-26 是海面对海面（距离 14.4km）信道冲激响应，第 1 个阵元入水深度 15m，阵元间距 2m。通道 1～4 信道时延多径结构如图 1-27 所示，可以看出，布放深度较浅的信道冲激响应幅度较大，多途结构简单，时延扩展在 10ms 以内，而表层信道之下的信道冲激响应幅度明显降低，且时延扩展在 10ms 以上。通道 5～8 信道时延多径结构如图 1-28 所示，具有与通道 1～4 相似的多途信道结构。

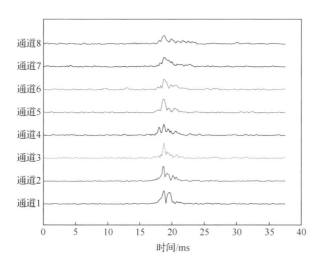

图 1-26 通道 1～8 信道冲激响应

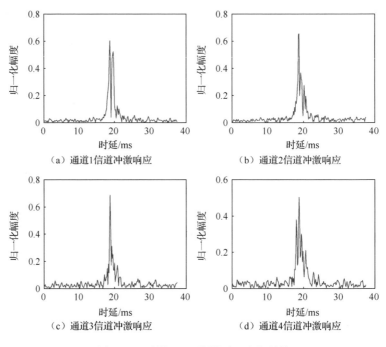

图 1-27 通道 1～4 信道时延多径结构

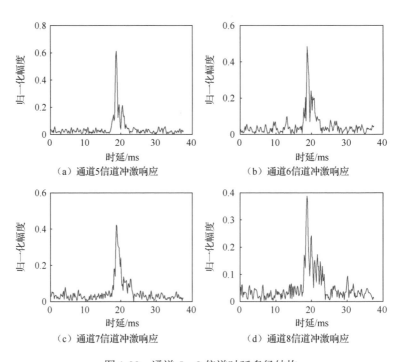

图 1-28 通道 5～8 信道时延多径结构

图 1-29 给出了海面信道时间相关性和空间相关性测试结果，可以看出海面信道在时间和空间上的相关性较弱。

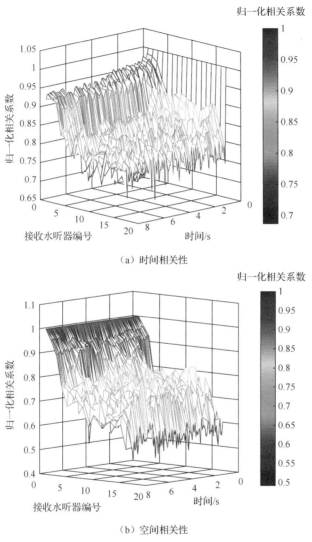

（a）时间相关性

（b）空间相关性

图 1-29 海面信道相关性（彩图附书后）

1.2 水声扩频通信国内外发展现状

时至今日，水声通信已取得了长足的发展，但水声信道作为目前复杂的时、频、空变带宽有限的信道之一，严重限制着水声通信系统的性能，水声通信技术仍然有相当长的一段路要走。

中远程、低信噪比场景下的稳健水声通信主要采用扩频技术。扩频具有抗干扰能力强、低截获率、多址能力和时间分辨率高等优势，主要应用在远程水声通信、隐蔽水声通信、高质量水声通信和码分多址水声通信中。

1.2.1 水声扩频通信及接收机算法国内外发展现状

西方发达国家对水声通信领域的研究、开发非常重视，例如美国海军水下作战中心、美国海军研究办公室、美国麻省理工学院、美国伍兹霍尔海洋研究所、英国伯明翰大学等多家研究单位都在开展水声通信领域的研究工作。

水声扩频通信是一种水下信息传输方式，其信号所占有的频带宽度远大于所传信息必需的最小带宽，而频带的扩展是通过一个或多个独立的码序列（一般是伪随机序列）来完成，用编码及调制的方法来实现的，与所传信息数据无关。水声扩频通信在实际应用中的主要优势在于：在接收端利用同样的码序列进行相关同步接收、解扩及恢复所传信息数据，具有较高的匹配增益，可以在较低的信噪比下工作；同时其特有的解扩处理机制可以很好地应对水声信道多径效应带来的码间干扰。然而水声扩频通信在实际应用中也面临着以下两个方面的问题：一是载波相位干扰问题。复杂的海洋环境（如海面的随机起伏、内波、湍流等）以及收发双方的相对运动将使得接收端的扩频基带信号内存在载波相位干扰，将显著影响接收信号与本地序列间匹配增益，一旦扩频系统无法获取足够的扩频处理增益，那么水声扩频通信的所有优势将荡然无存。针对这一问题，鉴于内嵌锁相环的判决反馈均衡已成功应用在单载波水声通信中，Freitag 等[20]将该技术做了改进，提出了可应用于直接序列水声扩频通信中的假设反馈均衡算法，从而解决了直扩系统所面临的载波相位干扰的问题，并对水声信道进行了均衡处理。同时提出的符号速率判决反馈均衡器，由于是以符号阶进行的均衡器系数更新，且随着扩频增益的增加，其均衡器系数更新变慢，因此仅当水声信道变化缓慢或扩频增益较小情况下有着较好的效果。然而，实现精确的符号同步和信道均衡，是其高质量通信的关键，因此对于通常处于低信噪比条件下的水声扩频通信，该技术应用受限。二是水声信道的多途扩展干扰严重破坏伪随机序列的正交性进而降低扩频增益。因此，Blackmon 等[21]将 Rake 接收机应用在直扩系统中，将接收各个路径信号延迟合并来抑制多途扩展干扰，从而提高输出信噪比。Blackmon 等还对比分析了 Rake 接收机和判决反馈均衡（decision feedback equalizer, DFE）的性能。Iltis 等[22]将基于卡尔曼滤波算法的 Rake 接收机应用在直扩系统中。Hursky 等[23]将被动相位共轭（passive phase conjugation, PPC）技术与直接序列扩频（direct-sequence spread-spectrum, DSSS）技术相结合，在 8kHz 带宽条件下实现了稳定可靠的水声扩频通信，通信速率达到 188bit/s。尽管 Blackmon 等[21]分析了 Rake 接收机在低信噪比条件下的性能，但是他们的分析结果并没有考虑在低信噪比条件下扩频符号及载波的同步和跟踪问题。另外，无论是 Rake 接收机处理方法还是 PPC 处理方法，均需要对水声信道进行估计。虽然针对水声扩频通信在实际应用中面临的问题许多学者已经提出了相应的解决方法，但低信噪比条件下应对载波相位干扰和水声信道多途扩展仍然十分困难。发展扩频接收机新方法，使其对载波相位干扰和多途扩展干扰不敏感，是水声扩频通信技术的一个重要方向。Yang 等[24-25]分析了直扩系统在低信噪比条件下的性能，并根据实际接收信号的幅度波动的统计特性以及处理得到的实际扩频增益对直扩系统输出误码率进行了建模，同时还分析了低信噪比条件下扩频信号的检测概率问题[24]。所提出的基于差分编码的多种接收端检测器结构证明了 DSSS 在低信噪比下，只需要一个接收机就可以正常工作，且使用长序列编码在低信噪比下提高扩频增益的方法具有实际应用价值。国内在水声通信领域起步较晚。自 20 世纪 80 年代中后期，第一批研究单位包括哈尔滨工程大学、中国科学院声学研究所和厦门大学，开始研究现代水声数字通信技术。20 世纪 90 年代末至 21 世纪初，又有中国船舶集团有限公司第七一五研究所、西北工业大学、东南大学等单位先后开展了水声通信技术的研究。目前，国内对水声扩频通信技术主要针对直扩系统数据传输速率低的问题开展了广泛而深入的研究，主要原因在于直扩水声通信技术频带利用率过低，在带宽受限的水声信道条件下很多时候直扩水声通信系统很难满足实际的应用需求。这些研究主要集中于循环移位扩频、M 元扩频等，其基本思路是利用一条扩频序列的循环相关特性或多条准正交扩频序列实现多进制扩频调制，从而成倍提高水声扩频通信系统的通信速率。其中具有代表性的研究有：何成兵等将循环移位扩频技术应用在水声通信中，并在此基础上提出了基于被动时间反转镜的差分循环移位水声扩频通信[26-28]；于洋等[29]提出了正交码元移位键控水声扩频通信技术，通过采用小 Kasami 序列作为扩频序列，进一步提升了扩频通信系统的通信性能；殷敬伟等[30]将 Pattern（模式）时延差编码应用在水声扩频通信系统中，提出了 M 元混沌扩频多通道 Pattern 时延差编码水声通信技术，该技术既可获得扩频通信的优良性能，又可提高通信速率；韩晶等[31]将 M 元扩频技术应用于水声通信中，提出了正交 M 元直接序列水声扩频通信技术；王海斌等[32]改进了混沌调频水声通信技术，提出了 M 元混沌调频技术，使之保持远程水声通信稳定性和保密性的同时提高了通信速率；殷敬伟等[33]将以 r 组合为代表的编码映射方式引入 M 元扩频当中，提出了并行组合扩频通信技术，将并行组合扩频体制应用于水声通信中。

1.2.2 移动水声扩频通信国内外发展现状

水声扩频通信体制与其他水声通信体制相比最大的优势在于其接收端解码处理可以获得匹配增益，因此凡是影响接收端匹配增益的因素都将是水声扩频通信技术需要解决的问题。由 1.2.1 小节的分析可知，载波相位干扰和水声信道多途扩展干扰是影响水声扩频通信系统的两大核心因素，在本节讨论的移动水声扩频通信中，上述两大核心因素产生的影响将更为复杂。对于载波相位干扰，收发节点间相对运动产生的多普勒效应将直接导致扩频信号中存在快速变化的载波相位干扰。这里我们将缓慢变化的载波相位干扰和快速变化的载波相位干扰做一个简单的区分：缓慢变化的载波相位干扰是指载波相位在扩频符号间发生变化，在每个扩频符号持续时间内可以认为保持不变，而快速变化的载波相位干扰是指载波相位在扩频符号持续时间内发生变化。对于前者，主要产生于收发节点间相对静止（或缓慢运动）时的水声扩频通信系统，产生因素主要为海面随机起伏、收发系统误差、收发节点缓慢运动（即使收发节点无动力，其受海浪、海流等影响也会存在缓慢运动）等；对于后者则主要产生于移动扩频水声系统，产生因素主要为多普勒效应带来的快速线性变化相位。在移动水声扩频通信系统中，快速变化的载波相位干扰将直接导致接收端无法获得匹配增益（看不到匹配相关峰），进而导致系统产生大量误码。因此，对于移动水声扩频通信系统，多普勒估计与补偿技术是其中的一项关键核心技术。通过对接收信号的多普勒估计与补偿可有效将快速变化的线性载波相位干扰转化为缓慢变化的载波相位干扰，进而通过后续的接收机算法完成最终译码。对于水声信道多途扩展干扰，移动条件下水声信道将出现明显的时变特性，而对快速时变信道带来的多途扩展干扰进行抑制将变得更加困难。当移动条件下的水声信道时变周期（信道相干半径）大于扩频符号持续时间时，主要采用信号块处理方式。其基本思路为将一帧扩频信号分割成几个持续时间较短的信号块，假设在每个信号块持续时间内水声信道是时不变的，进而完成多途扩展干扰的抑制。在移动水声扩频通信中典型的研究成果有：Liu 等[34]聚焦移动源与拖曳式水平线阵间的远程声通信，依赖直接序列扩频与双差分编码两种关键技术，在远程、移动的场景下，解决了许多拖曳阵带来的挑战性问题。该声通信系统结构简单，不需要任何复杂的信号处理，且可有效应对多普勒效应带来的干扰。面临水下通信环境中不可预知的变化，具有固有的鲁棒性，非常适合于可靠移动远程声通信场景。试验结果表明通信距离达到了 550km，通信速率为 6.4bit/s。Xu 等[35]提出了一种结合了逐幸存处理与稀疏信道估计的直扩水声通信接收机，在不同路径之间存在较大的多普勒差异的信道下具有鲁棒性能，性能明显优于传统的 Rake 接收机。该算法通过在符号级建立网格来降低计算复杂度，在码片级进行稀疏信道估计，采用正交匹配追踪算法，在字典构造中引入时延与多普勒因子的二维网格，实现了性能与复杂度的良好权衡。进行的海试得到其在最大通信距离为 4.5km 条件下可实现低误码率移动水声扩频通信，此外还提出了在逐幸存处理直扩接收机系统中使用通带或者基带削波，从而减弱脉冲噪声的影响，试验结果表明，选择适当的削波比，两种方法均可以产生 1dB 以上的增益。国内对于移动水声扩频通信的研究，一部分学者致力于克服多普勒引入的相位干扰上。杜鹏宇等[36]针对低信噪比下的载波相位跳变，提出了基于直扩系统中扩频序列的多普勒因子估计与补偿算法和直扩系统的改进差分能量检测器。在低信噪比条件下，具有较好的抗载波相位跳变和抗多径干扰的能力。景连友等[27]提出了差分循环移位水声扩频通信，在有着较高的通信速率的同时也具有一定的抗多普勒干扰能力。Du 等[37]为解决水中大多普勒引起的快速载波相位变化，利用移动场景下相邻扩频码片内载波相位可认为不变的特性，研究了改进的双差分相关检测器，使其在抗载波相位跳变干扰能力上得到进一步增强。此外还有部分学者针对 chirp（啁啾）扩频等在移动场景下的通信性能进行了系列研究。

1.2.3　码分多址水声通信国内外发展现状

多址水声通信主要指多个用户直接使用一个公共水声信道实现各用户间通信的方式，亦称任意选址通信和多元连接，主要有频分多址（frequency division multiple access, FDMA）、时分多址（time division multiple access, TDMA）、码分多址（code division multiple access, CDMA）、交织分多址（interleave-division multiple access, IDMA）、空分多址等技术。码分多址水声通信是指利用码序列相关性实现的多址通信。码分多址水声通信的基本思想是靠不同的地址码来区分地址。每个用户配有不同的地址码，用户所发射的载波（为同一载波）既受基带数字信号调制，又受地址码调制。接收时，只有确知其配给地址码的接收机，才能解调出相应的基带信号，而其他接收机因地址码不同，无法解调出信号。划分是根据码型结构不同来实现和识别的。码分多址水声通信的特点是：网内所有用户使用同一载波，占用相同的带宽，各个用户可以同时发送或接收信号。码分多址水声通信是基于水声扩频通信技术，通过选择扩频序列，建立多址准正交信道。根据扩频实现方式不同，码分多址可分为：跳时码分多址、直接序列码分多址（direct sequence code division multiple access, DS-CDMA）、跳频码分多址、多载波码分多址等。码分多址允许不同用户间信号在时频域重叠，有着较高的频带利用率和时间利用率，是达成水下多用户通信组网的一项关键技术。

　　码分多址水声通信技术在实际应用中主要面临以下两大核心问题：一是多址干扰。由于每个用户分配的地址码并非严格正交，因此在对期望用户进行解码处理时，其他用户的干扰并非彻底去除，而是通过扩频序列优良的相关特性进行了抑制，但随着用户数量的增多，多址干扰将变得越来越大。因此受多址干扰的影响，码分多址水声通信系统的用户容量存在上限，而如何应对多址干扰则是码分多址水声通信系统面临的核心问题。此外，水声信道的多途扩展干扰使得码分多址干扰变得更加复杂。二是远近效应问题。所谓远近效应，是指当接收端同时接收两个距离不同的用户发来的信号时，由于距离接收端较近的用户信号较强，距离较远的用户信号较弱，距离接收端近的用户的强信号将对另一个用户信号产生严重的干扰。远近效应问题是码分多址水声通信系统在实际应用中不可避免的问题，解决该问题的核心思想是进行功率控制，即控制距离接收端较远的用户增大发射功率并减小距离接收端较近用户的发射功率，使得各个用户到达接收端的功率基本相当。同时辅以强干扰抵消、多用户检测、多种多址接入技术结合等方式，完成各个用户的正确解码。在码分多址水声通信中典型的研究成果有：Yang[38]研究了空间复用码分多址多用户水声通信技术，大大提高了用户数量，采用码长 511 的扩频序列实现了 8 个用户的数据传输，每个用户通信速率 8bit/s。所提出的接收机算法稳健简洁，对于低复杂度、低可靠性的场景有很高的应用价值。Freitag 和 Stojanovic 针对浅水区的由固定和移动节点构成的水声通信网络，将自适应码片速率的判决反馈均衡原理与串行时序采集技术结合，对 DS-CDMA 水声通信提出了基于最小均方误差的信号采集方法[20, 39]。他们还聚焦水声信道的多径问题，设计了两类可自适应多径信道的宽带水声 CDMA 接收机——符号判决反馈接收机与码片假设反馈接收机。此外，还提出了面向 DS-CDMA 水声通信的自适应多址接收机。引入了假设决策原理，使得解扩前进行码片决策成为可能，该接收机可稳健运行在时变多径和多址的双重干扰下。Linton 等[40]研究了水下移动网络中的多址通信，提出了基于组合两种类型双曲调频信号而建立的一组正交波形的多用户方案，提供了良好的抗多址干扰能力，同时对多普勒频移具有一定的鲁棒性，并针对作为移动节点的多达 5 个水下机器人，利用实验信道与传统的时分多址和码分多址技术进行了性能分析与比较。国内对于多址水声通信物理层的研究较少。殷敬伟等[41]研究了单矢量空分多址技术，提出了单矢量有源平均声强器和单矢量时间反转镜，并结合置零干扰抵消技术，显著增加了系统容量。仿真和湖试结果表明，7 个用户的水声通信多用户系统能够实现低误码率通信。尹艳玲等[42-43]、刘崧佐等[44]研究设计了采用正交频分复用和扩频码分多址技术实现的全双工多用户水声通信机。近些年来，多载波的码分多址技术研究得到了广泛关注。随着正交频分复用（orthogonal frequency division multiplexing, OFDM）技术的兴起，将 OFDM 与 CDMA 相结合的多载波码分多址引起了相关学者的注意。在频域上，利用扩频码正交特性，实现多用户对同一频带的资源共享。时域上利用 OFDM 原理进行串并转换，并行传输用户信息。Li 等[45]仿真分析了水声通信中的多载波 CDMA，给出了 OFDM 与 CDMA 相结合的多载波码分多址结合水声实际应用场景的结构框图。Liu 等[46]研究了基于混沌复合扩频序列的水声多载波码分多址通信系统峰均值比抑制，仿真结果表明，混沌复合扩频序列比原始扩频序列具有不同程度的峰均值比抑制能力。在 32 码片的情况下，混沌复合扩频序列获得了 5～6dB 的峰均值比抑制性能增益。

1.2.4　MIMO 水声扩频通信国内外发展现状

MIMO 水声通信技术是近年来水声通信领域的研究热点，已发展与单载波、OFDM、扩频等多种通信体制结合使用，其具有较高的频谱利用率和性能增益，适用于功率、带宽皆受限的水声通信。利用 MIMO 技术可以提高水声信道的容量，同时也可以提高水声信道的可靠性，降低误码率。前者是利用 MIMO 水声信道提供的空间复用增益，后者是利用 MIMO 水声信道提供的空间分集增益。因此 MIMO 技术大致可分为两类：一是发射/接收分集，其中一个研究热点就是 MIMO 空时编码，主要思想是利用空间和时间上的编码实现一定的空间分集和时间分集，从而降低信道误码率；二是空间复用，如果每对发送接收天线之间的衰落是独立的，那么可以产生多个并行的子信道。如果在这些并行的子信道上传输不同的信息流，可以显著提高传输数据速率。本书中介绍的 MIMO 水声扩频通信技术主要属于 MIMO 空间复用技术，该技术面临的核心问题为 MIMO CoI，即 MIMO 系统中多个并行子信道之间存在互相干扰。事实上，从另一个角度来看，空间复用的 MIMO 水声扩频通信系统相当于一个同步码分多址水声通信系统，因此 MIMO 水声扩频通信系统在同道干扰抑制上具有先天优势。在 MIMO 水声通信中典型的研究成果有：Song 等[47]研究了主动时间反转镜在 MIMO 通信中的应用，海试在 8.6km 距离处实现了 3 个用户数据的同时传输，通信速率达到 9kbit/s，随后他们利用被动时间反转镜技术在 3～4kHz 频带上实现了单载波 MIMO 水声通信[48]，以及利用被动时间反转镜加判决反馈均衡技术在 11～19kHz 频带上实现了单载波 MIMO 水声通信[49]，通过增大发射接收阵的间距以获得更大的信道空间差异，利用时间反转镜处理可以有效地将非期望信号的通道干扰抵消。在通信前，首先利用探测信号估计 MIMO 水声信道，并认为在通行过程中 MIMO 信道是时不变的。Song 等[50]同样将时间反转镜技术应用到 MIMO 系统中，他们采用 8 阵元接收，利用时间反转镜处理结合并行/串行干扰抵消技术成功实现了 MIMO 水声通信。国内中国科学院声学研究所、西北工业大学、厦门大学、浙江大学、哈尔滨工程大学等单位也对水声 MIMO 通信涉及的信道容量、系统同步、空时编码、压缩感知信道估计等方面进行了初步理论与试验研究[51]。国内许多研究单位都对 MIMO 水声通信的信道容量、空时编码、压缩感知信道估计等方面进行了一定的理论及试验研究。目前，国内对 MIMO 技术的研究主要集中于 MIMO 与其他通信体制的结合应用，如 MIMO-OFDM、MIMO 扩频体制等，旨在实现频带利用率高而又稳定的水声通信系统。

1.2.5　水声扩频通信特征提取与参数估计国内外发展现状

在非协作通信信号的参数估计中，载波频率是其中最为基础的部分，所有通信信号在参数估计中都避不开载波频率这一块。到如今已经出现了不少载频估计相关的算法。现阶段的载频估计算法主要可分为从时域和频域出发来实现估计。频域上主要针对频谱对称的信号的载频进行估计；而从时域上则不要求信号频谱对称，但抗噪性能较弱。2003 年，Villares 等[52]提出了基于自相关法的载频估计方法，在低信噪比条件下仍具备一定性能。

20 世纪 80 年代，基于循环相关的方法是 Gardner 等最早提出并运用在信号的检测与参数估计上面，该方法不需要先验信息且算法性能很好，但较为复杂，后续不少人对此进行深入研究与优化，成功实现将其运用在直接序列扩频的部分参数的估计上[53-55]。

码片时长是信号每变化一次所需时间，即码元速率的倒数，它是后续的信号解调的基础。1988 年，Reed 等[56]提出了时延相乘法来估计码元速率，而后的 1990 年，Kuehls 等[57]实现了将该方法用于直扩信号的检测以及伪随机码片速率的估计。1993 年，Koh 等[58]提出了通过提取信号包络谱特征来实现码元速率估计的算法，该算法简单但抗噪性能非常差。2000 年，Chan 等[59]利用哈尔小波和中频信号实现了码元速率的估计，该方法估计性能较好，但实现相对复杂。2001 年，Burel 等[60]根据自相关特性提出了波动相关法，该算法适用于低信噪比。2006 年，Polydoros 等[61]提出了时域自相关检测法，实现了 OFDM 检测和伪随机码（pseudo-noise code, PN 码）周期估计。

为了获得直扩信号信息序列的完整的信息，扩频序列的估计必不可少。1996 年，Yang[62]提出了投影逼近子空间跟踪算法，该算法在复杂度与存储空间上进行优化，但不适用于低信噪比情况。1997 年，Dominique 等[63]提出了基于 Hebbian 学习算法的 PN 码序列盲估计算法。

国内针对直接序列扩频系统的特征提取和参数估计方面的研究较晚。2005 年，张仔兵等[64]提出了基于多进制相移键控的循环平稳特性的载频估计方法。2007 年，俎云霄[65]对三重自相关函数等高阶统计处理技术进行研究，运用在码序列的估计中。同年，金虎等[66]提出了利用 Duffing（杜芬）振子实现直扩信号的载频估计。2009 年，汪赵华等[67]在此基础上对该算法进行了改进。2015 年，金艳等[68]提出了基于似然的码速率估计方法。

参 考 文 献

[1]　Kilfoyle D B, Baggeroer A B. The state of the art in underwater acoustic telemetry[J]. IEEE Journal of Oceanic Engineering, 2000, 25(1): 4-27.

[2]　何非常, 周吉, 李振帮. 军事通信: 现代战争的神经网络[M]. 北京: 国防工业出版社, 2000.

[3]　Catipovic J A. Performance limitations in underwater acoustic telemetry[J]. IEEE Journal of Oceanic Engineering, 1990, 15(3): 205-216.

[4]　Dogandžić A, Nehorai A. Space-time fading channel estimation and symbol detection in unknown spatially correlated noise[J]. IEEE Transactions on Signal Processing, 2002, 50(3): 457-474.

[5]　Baggeroer A B. Acoustic telemetry—An overview[J]. IEEE Journal of Oceanic Engineering, 1984, 9(4): 229-235.

[6]　Stojanovic M, Preisig J. Underwater acoustic communication channels: propagation models and statistical characterization[J]. IEEE Communications Magazine, 2009, 47(1): 84-89.

[7]　惠俊英, 生雪莉. 水下声信道[M]. 2 版. 北京: 国防工业出版社, 2011.

[8]　Urick R J. 水声原理[M]. 洪申, 译. 哈尔滨: 哈尔滨船舶工程学院出版社, 1990.

[9]　杨士莪. 水声传播原理[M]. 哈尔滨: 哈尔滨工程大学出版社, 1994.

[10]　Etter P C. 水声建模与仿真[M]. 3 版. 蔡志明, 译. 北京: 电子工业出版社, 2005.

[11]　Waite A D. 实用声纳工程[M]. 3 版. 王德石, 译. 北京: 电子工业出版社, 2004.

[12]　周士弘, 张仁和. 深海声场的垂直相干特性[J]. 自然科学进展: 国家重点实验室通讯, 1998, 8(3): 342-349.

[13]　张仁和. 水下声道中的反转点会聚区(Ⅱ)广义射线理论[J]. 声学学报, 1982, 7(2): 75-87.

[14]　刘崇磊, 李涛, 尹力, 等. 北极冰下双轴声道传播特性研究[J]. 应用声学, 2016, 35(4): 309-315.

[15]　Yang T C. Measurements of temporal coherence of sound transmissions through shallow water[J]. Journal of the Acoustical Society of America, 2006, 120(5): 2595-2614.

[16]　Collins M D. The adiabatic mode parabolic equation[J]. Journal of the Acoustical Society of America, 1993, 94(4): 2269-2278.

[17]　Henyey F S, Rouseff D, Grochocinski J M, et al. Effects of internal waves and turbulence on a horizontal aperture sonar[J]. IEEE Journal of Oceanic Engineering, 1997, 22(2): 270-280.

[18]　Yang T C. Properties of underwater acoustic communication channels in shallow water[J]. Journal of the Acoustical Society of America, 2012, 131(1): 129-145.

[19]　李整林, 杨益新, 秦继兴, 等. 深海声学与探测技术[M]. 上海: 上海科学技术出版社, 2020.

[20]　Freitag L, Stojanovic M. MMSE acquisition of DSSS acoustic communications signals[C]. OCEANS, 2004.

[21]　Blackmon F, Sozer E M, Stojanovic M, et al. Performance comparison of RAKE and hypothesis feedback direct sequence spread spectrum techniques for underwater communication applications[C]. OCEANS, 2002.

[22]　Iltis R A, Fuxjaeger A W. A digital DS spread-spectrum receiver with joint channel and Doppler shift estimation[J]. IEEE Transactions on Communications, 1991, 39(8): 1255-1267.

[23]　Hursky P, Porter M B, Siderius M, et al. Point-to-point underwater acoustic communications using spread-spectrum passive phase conjugation[J]. Journal of the Acoustical Society of America, 2006, 120(1): 247-257.

[24]　Yang T C, Yang W B. Performance analysis of direct-sequence spread-spectrum underwater acoustic communications with low signal-to-noise-ratio input signals[J]. Journal of the Acoustical Society of America, 2008, 123(2): 842-855.

[25]　Yang T C, Yang W B. Low probability of detection underwater acoustic communications using direct-sequence spread spectrum[J]. Journal of the Acoustical Society of America, 2008, 124(6): 3632-3647.

[26]　何成兵, 黄建国, 韩晶, 等. 循环移位扩频水声通信[J]. 物理学报, 2009, 58(12): 8379-8385.

[27]　景连友, 何成兵, 黄建国, 等. 基于被动时间反转的差分循环移位扩频水声通信[J]. 上海交通大学学报, 2014, 48(10): 1378-1383.

[28]　景连友, 何成兵, 黄建国, 等. 正交频分复用循环移位扩频水声通信[J]. 系统工程与电子技术, 2015, 37(1): 185-190.

[29]　于洋, 周锋, 乔钢. 正交码元移位键控扩频水声通信[J]. 物理学报, 2013, 62(6): 064302.

[30]　殷敬伟, 惠俊英, 王逸林, 等. M 元混沌扩频多通道 Pattern 时延差编码水声通信[J]. 物理学报, 2007, 56(10): 5915-5921.

[31]　韩晶, 黄建国, 张群飞, 等. 正交 M-ary/DS 扩频及其在水声远程通信中的应用[J]. 西北工业大学学报, 2006, 24(4): 463-467.

[32]　王海斌, 吴立新. 混沌调频 M-ary 方式在远程水声通信中的应用[J]. 声学学报, 2004, 29(2): 161-166.

[33]　殷敬伟, 王蕾, 张晓. 并行组合扩频技术在水声通信中的应用[J]. 哈尔滨工程大学学报, 2010, 31(7): 958-962.

[34]　Liu Z Q, Yang T C. On overhead reduction in time-reversed OFDM underwater acoustic communications[J]. IEEE Journal of Oceanic Engineering, 2014, 39(4): 788-800.

[35]　Xu X K, Zhou S L, Morozov A K, et al. Per-survivor processing for underwater acoustic communications with direct-sequence spread spectrum[J]. Journal of the Acoustical Society of America, 2013, 133(5): 2746-2754.

[36]　杜鹏宇, 郭龙祥, 殷敬伟, 等. 基于改进差分能量检测器的移动直扩水声通信研究[J]. 通信学报, 2017, 38(3): 144-153.

[37]　Du P Y, Zhu X H, Li Y H. Direct sequence spread spectrum underwater acoustic communication based on differential correlation detector[C]. 2018 IEEE International Conference on Signal Processing, Communications and Computing (ICSPCC), 2018.

[38]　Yang T C. Spatially multiplexed CDMA multiuser underwater acoustic communications[J]. IEEE Journal of Oceanic Engineering, 2016, 41(1): 217-231.

[39]　Stojanovic M, Freitag L. Multichannel detection for wideband underwater acoustic CDMA communications[J]. IEEE Journal of Oceanic Engineering, 2006, 31(3): 685-695.

[40]　Linton L, Conder P, Faulkner M. Multiple-access communications for underwater acoustic sensor networks using OFDM-IDMA[C]. OCEANS, 2009.

[41]　殷敬伟, 杨森, 杜鹏宇, 等. 基于单矢量有源平均声强器的码分多址水声通信[J]. 物理学报, 2012, 61(6): 064302.

[42]　尹艳玲, 乔钢, 刘淞佐. 正交频分复用无源时间反转信道均衡方法研究[J]. 声学学报, 2015, 40(3): 469-476.

[43]　尹艳玲, 乔钢, 刘淞佐. 基于虚拟时间反转镜的水声 OFDM 信道均衡[J]. 通信学报, 2015, 36(1): 90-99.

[44] 刘淞佐, 周锋, 孙宗鑫, 等. 单矢量水听器 OFDM 水声通信技术实验[J]. 哈尔滨工程大学学报, 2012, 33(8): 941-947.

[45] Li X, Jiang W D, Fang S L, et al. Multi-carrier CDMA in underwater acoustic communication[J]. Technical Acoustics, 2005, 24(4): 202-205.

[46] Liu L J, Ren H, Zhai P, et al. Chaotic composite spread spectrum sequence based PAPR suppression for underwater acoustic MC-CDMA communication system[C]. 2019 IEEE International Conference on Signal Processing, Communications and Computing (ICSPCC), 2019.

[47] Song H C, Roux P, Hodgkiss W S, et al. Multiple-input-multiple-output coherent time reversal communications in a shallow-water acoustic channel[J]. IEEE Journal of Oceanic Engineering, 2006, 31(1): 170-178.

[48] Song H C, Hodgkiss W S, Kuperman W A, et al. Multiuser communications using passive time reversal[J]. IEEE Journal of Oceanic Engineering, 2007, 32(4): 915-926.

[49] Song H C, Kim J S, Hodgkiss W S, et al. High-rate multiuser communications in shallow water[J]. Journal of the Acoustical Society of America, 2010, 128(5): 2920-2925.

[50] Song A J, Badiey M, McDonald V K, et al. Time reversal receivers for high data rate acoustic multiple-input/multiple-output communication[J]. IEEE Journal of Oceanic Engineering, 2011, 36(4): 525-528.

[51] 周跃海, 伍飞云, 童峰. 水声多输入多输出信道的分布式压缩感知估计[J]. 声学学报, 2015, 40(4): 519-528.

[52] Villares J, Vazquez G. Sample covariance matrix parameter estimation: carrier frequency, a case study[C]. 2003 IEEE International Conference on Acoustics, Speech, and Signal Processing, 2003.

[53] Gardner W A. The spectral correlation theory of cyclostationary time-series[J]. Signal Processing, 1986, 11(1): 13-36.

[54] Fong G, Gardner W A, Schell S V. An algorithm for improved signal-selective time-difference estimation for cyclostationary signals[J]. IEEE Signal Processing Letters, 1994, 1(2): 38-40.

[55] Gardner W A, Spooner C M. Comparison of autocorrelation and cross-correlation methods for signal-selective TDOA estimation[J]. IEEE Transactions on Signal Processing, 1992, 40(10): 2606-2608.

[56] Reed D E, Wickert M A. Minimization of detection of symbol-rate spectral lines by delay and multiply receivers[J]. IEEE Transactions on Communications, 1988, 36(1): 118-120.

[57] Kuehls J F, Geraniotis E. Presence detection of binary-phase-shift-keyed and direct-sequence spread-spectrum signals using a prefilter-delay-and-multiply device[J]. IEEE Journal on Selected Areas in Communications, 1990, 8(5): 915-933.

[58] Koh B S, Lee H S. Detection of symbol rate of unknown digital communication signals[J]. Electronic Letters, 1993, 29(3): 278-279.

[59] Chan Y T, Ho K C, Wong S K. Aircraft identification from RCS measurement using an orthogonal transform[J]. IEE Proceedings Radar Sonar and Navigation, 2000, 147(2): 93-102.

[60] Burel G, Bouder C, Berder O. Detection of direct sequence spread spectrum transmissions without prior knowledge[C]. IEEE Global Telecommunications Conference, 2001.

[61] Polydoros A, Weber C L. Detection performance considerations for direct-sequence and time-hopping LPI waveforms[J]. IEEE Journal on Selected Areas in Communications, 2006, 3(5): 727-744.

[62] Yang B. Asymptotic convergence analysis of the projection approximation subspace tracking algorithms[J]. Signal Processing, 1996, 50(1-2): 123-136.

[63] Dominique F, Reed J H. Simple PN code sequence estimation and synchronisation technique using the constrained Hebbian rule[J]. Electronics Letters, 1997, 33(1): 37-38.

[64] 张仔兵, 李立萍, 肖先赐. MPSK 信号的循环谱检测及码元速率估计[J]. 系统工程与电子技术, 2005, 27(5): 803-806.

[65] 俎云霄. 基于高阶统计处理技术的 m-序列检测及识别[J]. 电子与信息学报, 2007, 29(7): 1576-1579.

[66] 金虎, 王可人. 基于 Duffing 振子的直接序列扩频信号检测及参数估计[J]. 系统工程与电子技术, 2007, 29(11): 1823-1826.

[67] 汪赵华, 郭立, 李辉. 基于改进小波脊提取算法的数字信号瞬时频率估计方法[J]. 中国科学院研究生院学报, 2009, 26(4): 466-473.

[68] 金艳, 朱敏, 姬红兵. Alpha 稳定分布噪声下基于柯西分布的相位键控信号码速率最大似然估计[J]. 电子与信息学报, 2015, 37(6): 1323-1329.

第 2 章　水声扩频通信技术

本章将介绍几种常用的水声扩频通信中的编码模式，以及基于能量检测器和相关检测器的水声扩频通信接收算法，重点考虑载波相位变化对水声扩频通信性能的影响。此外，本章还将介绍 Pattern 时延差编码与扩频通信相结合的新型水声通信技术。

2.1　直接序列水声扩频通信

直接序列扩频是水声扩频通信中最常见的扩频方式。在发射端利用扩频序列对发送信息序列进行扩频处理，在接收端利用本地参考扩频序列对接收到的扩频信号进行解扩处理，可获得可观的扩频处理增益[1-2]，从而显著提高水声通信系统的性能。

图 2-1 给出了直接序列水声扩频通信系统的原理框图。

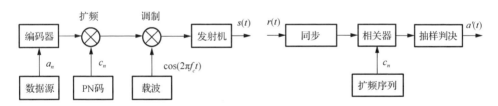

图 2-1　直接序列水声扩频通信系统原理框图

在发射端，设原始发送信息序列为 a_n（a_n 以概率 P 取+1，以概率 $1-P$ 取-1），码元持续时间为 T_a，扩频序列为 $c=(c_0,c_1,\cdots,c_{N-1})$，码元持续时间为 T_c，N 为扩频序列的码片周期，则直扩系统的基带信号可表示为

$$s_b(t) = \sum_n a_n c(t - nT_a) \tag{2-1}$$

式中，$c(t)$ 为扩频序列时域波形：

$$c(t) = \sum_{i=0}^{N-1} c_i g_c(t - iT_c) \tag{2-2}$$

其中，$g_c(t)$为门函数，当$0 \leqslant t \leqslant T_c$时取 1，$t$为其他值时取 0。则直扩系统的通带信号可表示为

$$s(t) = \text{Re}\{s_b(t)e^{j2\pi f_c t}\} \tag{2-3}$$

式中，$\text{Re}\{\cdot\}$表示取实部；f_c为载波中心频率。

在接收端，对接收直扩信号进行同步后，将通带直扩信号转换为基带信号并与本地参考扩频序列进行匹配相关运算，匹配滤波器的输出结果可表示为

$$\text{out}(t) = \sum_n a_n h_n(t - nT_a) * \rho(t - nT_a) + n(t) \tag{2-4}$$

式中，$h_n(t)$为第 n 个扩频符号内的水声信道；$n(t)$为高斯白噪声；$\rho(t)$为扩频序列的自相关函数。对输出结果进行逐扩频符号持续时间相关峰判决检测即可完成直扩系统解码。

图 2-2 通过仿真给出了直扩系统在水声信道条件下的匹配输出结果。仿真中，扩频序列选用周期为 511 的 m 序列；水声信道采用相干多途信道模型，最大多途扩展 20ms，共三条路径；接收信噪比为-10dB。从图中可以看到，匹配滤波器的输出结果为一系列相关峰，每个扩频符号持续时间内的相关峰反映了该周期内的水声信道结构，通过检测每个扩频符号持续时间内最大相关峰峰值的极性即可完成解码。

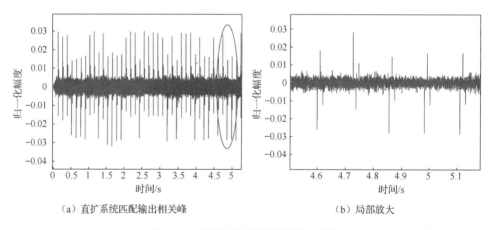

（a）直扩系统匹配输出相关峰　　　　　　（b）局部放大

图 2-2　直扩系统匹配滤波器输出结果

图 2-2 中的仿真结果说明了直扩系统在理想条件下具有较高的扩频处理增益以及较强的抗多途干扰能力。然而，在实际应用中复杂的海洋环境（如海面起伏、内波等）和收发节点的相对运动使得接收的扩频信号产生随时间变化的相位，载波相位跳变将严重影响直扩系统的匹配输出结果，导致系统的扩频处理增益下降，

进而产生误码。因此，实际应用中式（2-4）将变为

$$\text{out}(t) = \sum_n a_n h_n(t - nT_a) * \rho(t - nT_a)\cos\varphi_n + n(t) \tag{2-5}$$

式中，φ_n 为第 n 个扩频符号持续时间内对应的载波相位跳变。图 2-3 给出了实际海试接收的直扩信号与本地参考信号的匹配输出结果。可以看到，受到载波相位跳变的影响，不同扩频符号持续时间内的相关峰值明显不同，尤其是当 $\varphi_n \to \pi/2$ 时，直扩系统将失去扩频处理增益。另外，当 $\varphi_n > \pi/2$ 时 $\cos\varphi_n < 0$，通过相关峰极性解码将出现误码。

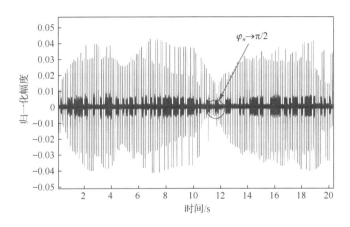

图 2-3　实际海试数据直扩系统匹配输出结果

从上述分析可以看到，直扩系统采用传统的匹配相关解码在实际应用中将受到载波相位跳变的较大影响。虽然 Freitag 等[3]成功地将内嵌数字锁相环的判决反馈均衡器应用在直扩系统中，解决载波相位跳变的影响，但该方法需要较高的信噪比条件。由于扩频系统通常在低信噪比条件下工作，本节针对载波相位跳变问题提出了差分相关检测器和差分能量检测器算法。下面分别对基于直扩系统的差分相关检测器和差分能量检测器的原理进行分析说明。

2.1.1　差分相关检测器

图 2-4 给出了差分相关检测器的原理图。差分相关检测器只需将本地的扩频序列与接收基带信号进行相关运算后再延迟共轭相乘即可完成直扩系统的解码。该算法简单、易工程实现，同时可利用相邻扩频符号间的载波相位跳变实现对载波相位跳变干扰的自动匹配抵消，有效地保证了直扩系统的处理增益。

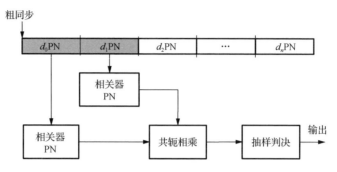

图 2-4　差分相关检测器原理图

下面利用公式对差分相关检测器原理进行详细说明。

在直扩系统发射端首先对发送信息序列进行差分编码：

$$d_n = a_n \cdot d_{n-1} \tag{2-6}$$

式中，a_n 为原始信息序列；d_n 为 a_n 差分编码后的序列，且有 $d_0 = 1$。差分编码后的信息序列经过扩频及载波调制后即可发送出去。

在直扩系统接收端，首先将接收信号由通带信号转换到基带信号，则接收信号可表示为（为方便说明，本章对扩频信号的讨论均限定在一个扩频符号持续周期内）

$$r_n = d_n c e^{j\varphi_n} + \Gamma_n \tag{2-7}$$

式中，c 为扩频序列；φ_n 为第 n 个扩频符号内的载波相位跳变；Γ_n 为第 n 个扩频符号内的高斯白噪声。将接收基带信号通过差分相关检测器有

$$\begin{aligned} \text{out}_n &= \text{Re}\{\langle r_{n-1} \cdot c \rangle \cdot \langle r_n \cdot c \rangle^*\} \\ &= \text{Re}\{d_{n-1} d_n \rho^2 e^{j(\varphi_{n-1}-\varphi_n)}\} + \Delta \end{aligned} \tag{2-8}$$

式中，$\langle \cdot \rangle$ 表示相关运算；Δ 表示解扩处理后的噪声分量，为小量可忽略不计；ρ 表示扩频序列自相关函数。由于载波相位跳变在扩频符号持续时间内变化缓慢，因此可认为 $\varphi_{n-1} \approx \varphi_n$。则式（2-8）可整理为

$$\text{out}_n = a_n \rho^2 + \Delta \tag{2-9}$$

从式（2-9）可以看出，差分相关检测器输出结果有效抑制了载波相位跳变干扰，通过检测差分相关检测器输出峰值即可完成对直扩系统的解码。

当考虑水声信道影响时，直扩系统接收端接收的基带信号为

$$r_n = d_n \mathrm{e}^{\mathrm{j}\varphi_n} c * h_n + \varGamma_n \qquad (2\text{-}10)$$

式中，h_n 为第 n 个扩频符号内对应的水声信道。则差分相关检测器的输出为

$$
\begin{aligned}
\mathrm{out}_n &= \mathrm{Re}\{\langle r_{n-1}\cdot c\rangle\cdot\langle r_n\cdot c\rangle^*\} \\
&= \mathrm{Re}\{(d_{n-1}\mathrm{e}^{\mathrm{j}\varphi_{n-1}}\rho * h_{n-1})\cdot(d_n\mathrm{e}^{\mathrm{j}\varphi_n}\rho * h_n)^*\} + \varDelta \\
&= \mathrm{Re}\{a_n\mathrm{e}^{\mathrm{j}(\varphi_{n-1}-\varphi_n)}(\rho * h_{n-1})(\rho * h_n)\} + \varDelta
\end{aligned}
\qquad (2\text{-}11)
$$

在实际通信中，相邻扩频符号间的水声信道具有较高的相关性，即 $h_{n-1}\approx h_n$，因此式（2-11）可整理为

$$
\begin{aligned}
\mathrm{out}_n &= \mathrm{Re}\{a_n\mathrm{e}^{\mathrm{j}(\varphi_{n-1}-\varphi_n)}(\rho * h_n)^2\} \\
&\approx a_n h_n^2 + \varDelta
\end{aligned}
\qquad (2\text{-}12)
$$

从式（2-12）可以看出，当考虑水声信道影响时，差分相关检测器的输出将是一系列相关峰，这些相关峰反映了多途信道的信道结构。图 2-5 给出了差分相关检测器在水声信道影响下的仿真结果。图 2-5（b）的仿真结果验证了式（2-12）的分析结果，同时更形象地说明了当水声信道最大多途扩展小于符号持续时间时，无论水声信道结构如何复杂，差分相关检测器均不受信道影响，具有较强的抗多途干扰能力。

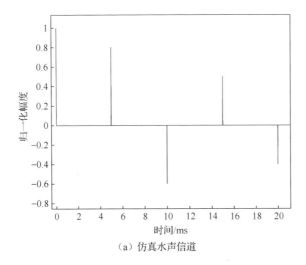

（a）仿真水声信道

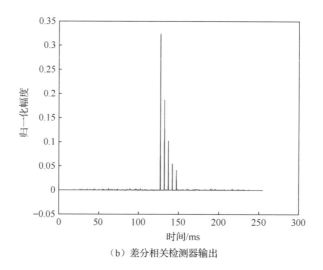

（b）差分相关检测器输出

图 2-5　水声信道影响下差分相关检测器输出结果

2.1.2　差分能量检测器

图 2-6 为差分能量检测器原理图。接收信号在粗同步后以两个扩频符号持续时间为单位进入差分能量检测器，分别与本地构建的两组扩频序列做相关运算。差分能量检测器通过对两个相关器的输出能量进行比较，最终完成对直扩系统的解码[4]。同时，能量检测器将输出能量最大值对应的时刻反馈回来，完成扩频序列码位同步更新，可以有效避免多普勒压缩/扩展影响。下面通过公式对差分能量检测器原理及性能进行详细说明。

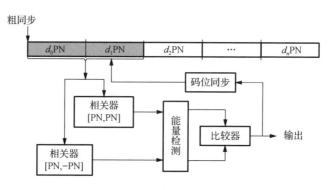

图 2-6　差分能量检测器原理图

差分能量检测器的发射端与差分相关检测器完全相同，原始信息序列经过差分编码后经过扩频和载波调制即可发送出去。在接收端，差分能量检测器利用本地参考扩频序列构建一对组合序列：

$$P_+ = [c,c], \quad P_- = [c,-c] \tag{2-13}$$

接收到的直扩基带信号以每两个扩频符号持续时间为单位进入差分能量检测器，设每次进入差分能量检测器的基带信号为 r_n，有

$$r_n = [d_{n-1}ce^{j\varphi_{n-1}}, d_n ce^{j\varphi_n}] + \Gamma_n \tag{2-14}$$

则差分能量检测器的两个相关器输出的结果为

$$E_1 = \left| \left\{ <P_+ \cdot r> \right\}_T^{3T} \right|^2 = \left| (d_{n-1}e^{j\varphi_{n-1}} + d_n e^{j\varphi_n}) \right|^2 \rho + \Delta_1$$
$$E_2 = \left| \left\{ <P_- \cdot r> \right\}_T^{3T} \right|^2 = \left| (d_{n-1}e^{j\varphi_{n-1}} - d_n e^{j\varphi_n}) \right|^2 \rho + \Delta_2 \tag{2-15}$$

式中，$|\cdot|$ 表示取模运算；$\{\}_T^{3T}$ 表示对输出信号从 T 时刻到 $3T$ 时刻进行截取；Δ_1 和 Δ_2 为解扩后的噪声分量，为小量可忽略不计。由于 $\varphi_{n-1} \approx \varphi_n$，可得

$$E_1 = \left| e^{j\varphi_n} \right|^2 \left| d_{n-1} + d_n \right|^2 \rho^2 + \Delta_1$$
$$E_2 = \left| e^{j\varphi_n} \right|^2 \left| d_{n-1} - d_n \right|^2 \rho^2 + \Delta_2 \tag{2-16}$$

因此，若 $\max\{E_1\} > \max\{E_2\}$，则 $d_{n-1}d_n = a_n = 1$；反之，$d_{n-1}d_n = a_n = -1$。通过比较相关器输出能量匹配结果的大小即可完成解码。此时输出结果均为实数，因此差分能量检测器将不受载波相位跳变影响。

当考虑水声信道影响时，式（2-16）将变为

$$E_1 = \left| e^{j\varphi_n} \right|^2 \left| d_n + d_{n+1} \right|^2 (\rho * h_n)^2 + \Delta_1$$
$$E_2 = \left| e^{j\varphi_n} \right|^2 \left| d_n - d_{n+1} \right|^2 (\rho * h_n)^2 + \Delta_2 \tag{2-17}$$

由于差分能量检测器算法是比较两个相关器输出能量结果，可知当水声信道多途扩展小于扩频符号持续时间时，水声信道的多途扩展分量将成为能量的有益贡献，差分能量检测器将不受多途扩展的影响。图 2-7 给出了在水声信道条件下差分能量检测器的输出结果，可以看到差分能量检测器输出结果验证了式（2-17）的分析结果。

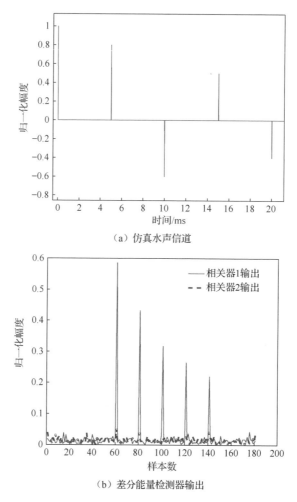

（a）仿真水声信道

（b）差分能量检测器输出

图 2-7　水声信道条件下差分能量检测器输出结果

2.1.3　两种检测器的性能分析

采用传统的拷贝相关方法解扩的直扩系统的扩频处理增益为 $10\lg N$ ，其中 N 为扩频序列的码片周期。差分相关检测器和差分能量检测器都直接利用了直扩系统的扩频处理增益，但由式（2-8）和式（2-15）可知，两种检测器在进行符号检测过程中均引入了自噪声，属于带噪解码，因此两种检测器在理想状况下的解码性能较传统拷贝相关方法将略有下降。

图 2-8 给出了周期为 127 的 m 序列作为扩频序列的直扩系统在采用不同解码

方式时的误码率曲线。仿真中不考虑载波相位跳变干扰，可以看到在理想条件下传统的拷贝相关解扩方法具有更好的性能。

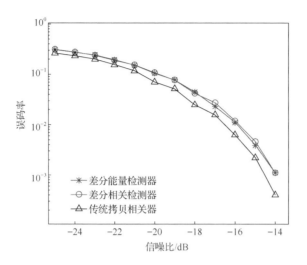

图 2-8 理想条件下不同解码方式性能对比

图 2-9 给出了存在缓慢载波相位跳变时直扩系统采用不同解码方式的误码率曲线。

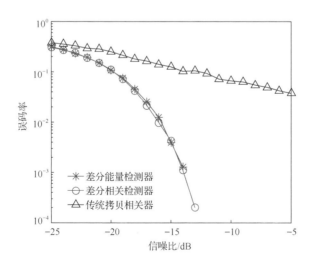

图 2-9 载波相位跳变条件下不同解码方式性能对比

可以看到，由于传统的拷贝相关方法对载波相位跳变较为敏感，其性能将严重下降。而差分能量检测器和差分相关检测器有效抑制了载波相位跳变干扰的影响，该结果也验证了 2.1.1 小节和 2.1.2 小节对两种检测器抗载波相位跳变干扰的分析。

　　两种检测器抗载波相位跳变的前提条件是：载波相位跳变缓慢变化。这里的缓慢是指载波相位至少在两个扩频符号持续时间内保持相对稳定，因此这一前提条件不仅与载波相位跳变的实际变化快慢有关，同时还与扩频符号持续时间有关。载波相位跳变的实际变化取决于实际海洋运动及收发双方的相对运动，扩频符号的持续时间则取决于直扩系统的带宽和扩频序列的长度。当载波相位跳变在两个扩频符号持续时间内不稳定，即相邻两个扩频符号之间的平均载波相位跳变存在相位差 φ 时，式（2-9）和式（2-16）将分别变为

$$\text{out}_n = a_n \rho^2 \cos\varphi + \varDelta \tag{2-18}$$

$$E_1 = \left| e^{j\varphi_n} \right|^2 \left| d_{n-1} + d_n e^{j\varphi} \right|^2 \rho + \varDelta_1$$
$$E_2 = \left| e^{j\varphi_n} \right|^2 \left| d_{n-1} - d_n e^{j\varphi} \right|^2 \rho + \varDelta_2 \tag{2-19}$$

从式（2-18）和式（2-19）可以看出，当两个相邻扩频符号的载波相位跳变存在明显相位差时，差分相关检测器的输出峰值乘以一个衰减因子 $\cos\varphi$，差分能量检测器的两个相关器输出的能量存在相位干扰，这将直接影响两个检测器的性能。特别地，当 $\varphi \to \pi/2$ 时，差分相关检测器输出峰值乘的衰减因子 $\cos\varphi \to 0$，差分能量检测器的两个相关器输出的能量 $E_1 \approx E_2$ 与 d_{n-1} 和 d_n 无关，这将直接导致两种检测器对直扩信号解码失败。图 2-10 给出了在相同载波相位跳变条件下，差分

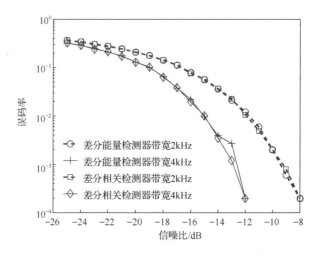

图 2-10　不同带宽条件下两种检测器输出性能

能量检测器和差分相关检测器对不同带宽的直扩信号的解码性能。系统带宽的减少增加了扩频符号持续时间，相当于加快了单位扩频符号持续时间内的载波相位跳变，使得相邻扩频符号间的平均载波相位跳变出现相位差，降低了检测器解码性能。因此，单独针对载波相位跳变干扰设计直扩水声系统时应尽量减小扩频符号持续时间，如在接收信噪比允许条件下选用较短的扩频序列或在扩频序列固定条件下增加带宽。

通过上述分析及仿真结果可以看出，差分能量检测器和差分相关检测器二者无论在载波相位跳变干扰下还是在多途扩展干扰下的解码性能相近，在实际应用中可任选其一，但它们在应对快速载波相位跳变的改进思路上却不同。关于两种检测器的改进将在第 3 章分析讨论。

针对以上提到的两种算法，上文已经进行了仿真分析，接下来将通过试验结果进一步分析与验证。

首先以 ExDL01 试验中 10km 直扩信号接收数据来验证差分能量检测器和差分相关检测器算法。ExDL01 试验直扩通信系统参数为：带宽 4kHz，载波中心频率 6kHz，扩频序列主要采用周期为 127 和 511 的 m 序列。

图 2-11 给出了接收信号时域波形图，经同步头检测确定 8～33s 时间内为直扩信号有效数据。

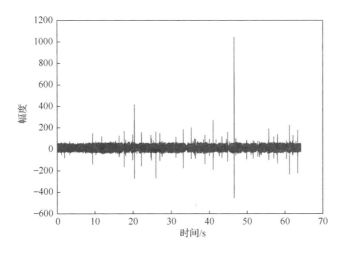

图 2-11　ExDL01 试验 10km 接收信号

由此可见接收信号完全淹没在噪声中，接收带限信噪比约为 0dB。另外，可以看到接收信号中混有许多"毛刺"干扰，这些"毛刺"是由风浪拍击接收船以及水听器与线缆、船上的物体碰撞产生的，其频谱很宽，覆盖通信频带，无法通过滤波器滤除。

图 2-12 分别给出了差分相关检测器和差分能量检测器对 10km 接收直扩信号的某阵元解码输出结果。图 2-12（a）为差分相关检测器输出结果，由式（2-12）可知此时将信息序列判定为-1；图 2-12（b）为差分能量检测器输出结果，参照式（2-16），由于相关器 2 输出能量大于相关器 1 输出能量，此时将信息序列判定同样为-1，与差分相关检测器判定相同。由于发送数据有限，两种检测器均实现了对接收信号 0 误码解码。注意到图 2-12（b）中相关器 1 输出能量曲线出现了凸

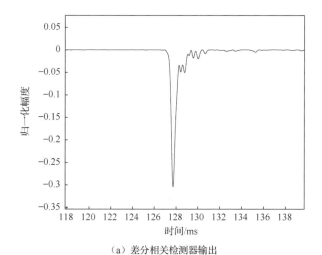

（a）差分相关检测器输出

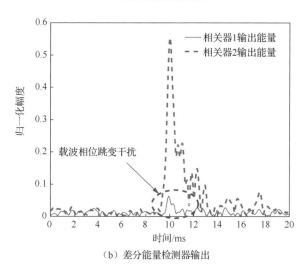

（b）差分能量检测器输出

图 2-12 直扩信号解码输出结果

起的部分，这是由载波相位跳变产生的，载波相位跳变越快能量曲线凸起越大，同时相关器 2 的输出能量相关峰越低。差分相关检测器同样受到缓慢载波相位跳变的影响，只不过由式（2-11）可知载波相位对其输出影响体现在相关峰峰值上。

　　将采集到的试验海域噪声叠加在接收信号中可得到不同信噪比条件下的直扩接收信号，图 2-13 给出了直扩信号接收数据在-15dB 带限信噪比条件下差分相关检测器和差分能量检测器解码输出。可以看到，在低信噪比条件下两种检测器同样可以完成对直扩系统的解码工作。

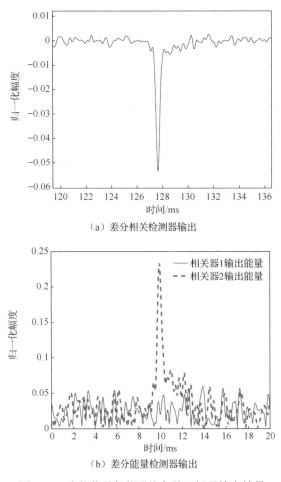

（a）差分相关检测器输出

（b）差分能量检测器输出

图 2-13　直扩信号低信噪比条件下解码输出结果

　　下面将以 ExLH12 直扩信号接收数据来对差分相关检测器和差分能量检测器性能进行说明。ExLH12 试验数据面临着大多途扩展干扰（>65ms）的影响，而采用周期为 127 的 m 序列的直扩系统的一个扩频符号持续时间为 63ms，大的多途扩展干扰将引起明显的扩频序列间干扰，体现在当前扩频符号持续时间匹配输出相关峰受到前一时刻的影响。

图 2-14 给出了 ExLH12 接收数据前 10 个扩频符号持续时间内的信号与本地参考扩频序列拷贝相关输出结果，可以看到受多途扩展干扰影响，输出相关峰受到较大影响。因此，ExLH12 数据可以很好地反映两种检测器在大多途扩展干扰下的解码性能。

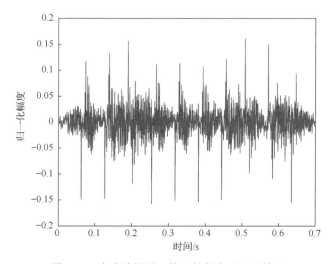

图 2-14　大多途扩展干扰下扩频序列匹配输出

图 2-15 给出了 ExLH12 数据解码输出结果。从图 2-15（a）中可以看出差分相关检测器具有明显相关峰；从图 2-15（b）中可以看出差分能量检测器的两个相关器输出能量具有明显能量差。因此，两个检测器都具有较好的抗大多途扩展干扰能力。

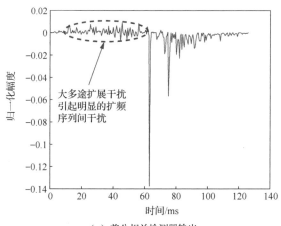

（a）差分相关检测器输出

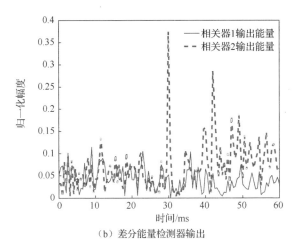

（b）差分能量检测器输出

图 2-15　直扩信号解码输出结果

2.2　循环移位水声扩频通信

循环移位扩频方式利用伪随机序列的循环移位特性对信息码进行编码映射。一条 M 序列可以进行 2^k 次循环移位，其中 k 为 M 序列的阶数。根据编码映射的完备性可知每条 M 序列经过循环移位编码映射最多可携带 $k$bit 的信息。与传统的直扩系统每条伪随机序列通常只能携带 1bit 信息相比，相同条件下的循环移位扩频系统可成倍地提高直扩系统的通信速率。

循环移位扩频系统同样将受到载波相位跳变的影响，为此本节提出循环移位能量检测器算法，通过检测循环移位匹配滤波器的输出能量对系统进行解码，可有效解决载波相位跳变对循环移位扩频系统的影响。下面对循环移位能量检测器原理进行说明并分析其性能。

2.2.1　循环移位能量检测器

为方便公式推导，首先定义一个循环移位矩阵：

$$\boldsymbol{K} = \begin{bmatrix} \boldsymbol{0}_{1\times(M-1)} & 1 \\ \boldsymbol{I}_{M-1} & \boldsymbol{0}_{(M-1)\times1} \end{bmatrix} \qquad (2\text{-}20)$$

扩频序列循环移位一次，可以通过矩阵 $\boldsymbol{K}$ 与扩频序列相乘一次得到。因此，$\boldsymbol{K}_c^j$ 表示扩频序列循环移位 j 次的结果，$\boldsymbol{c}$ 为扩频序列的向量形式。

在循环移位扩频系统发射端，发送序列 $a[i]$ 进行串并转换，将二进制数据流

以每 j bit 为一组转换成十进制数据流 $N[i]$。若所选择的扩频序列最多可进行 J 次循环移位，则要满足 $2^j \leqslant J$。利用十进制数据流 $N[i]$ 控制扩频序列进行循环移位编码：

$$c_{N[i]} = \boldsymbol{K}^{N[i]} \boldsymbol{c} \tag{2-21}$$

式中，$\boldsymbol{c}_{N[i]}$ 表示扩频序列 $\boldsymbol{c}$ 进行了 $N[i]$ 次循环移位后得到的序列。此时可知，发送信息序列已经通过循环移位编码映射到扩频序列中。

循环移位能量检测器通过检测本地参考扩频序列与接收信号匹配输出的能量结果进行解码。循环移位能量检测器输出能量向量 $\boldsymbol{y}$ 为

$$\begin{aligned} \boldsymbol{y}[m] &= \left| \boldsymbol{c}_{N[i]}^{\mathrm{T}} \boldsymbol{K}^m \boldsymbol{c} \right|^2 \\ &= \left| \left(\boldsymbol{K}^{N[i]} \boldsymbol{c} \right)^{\mathrm{T}} \boldsymbol{K}^m \boldsymbol{c} \right|^2 \\ &= \left| \boldsymbol{c}^{\mathrm{T}} \boldsymbol{K}^{m-N[i]} \boldsymbol{c} \right|^2 \end{aligned} \tag{2-22}$$

式中，上标 "T" 表示对当前矩阵求转置运算。由扩频序列循环移位特性

$$\boldsymbol{c}^{\mathrm{T}} \boldsymbol{K}^{N[i]-m} \boldsymbol{c} = \begin{cases} M, & N[i]-m=0 \\ -1, & \text{其他} \end{cases} \tag{2-23}$$

式中，M 为扩频序列码片周期。可知

$$\hat{N}[i] = \arg \max_m \left\{ \left| \boldsymbol{c}^{\mathrm{T}} \boldsymbol{K}^{m-N[i]} \boldsymbol{c} \right|^2 \right\} \tag{2-24}$$

利用估计得到的 $\hat{N}[i]$ 即可恢复原始信息序列 $a[i]$。

海面起伏和多普勒效应将共同导致接收信号中的载波出现一个随时间变化的载波相位，则接收信号为（暂不考虑多途信道影响）

$$r(t) = c_{N[i]}(t) \cos[\omega_c t + \varphi(t)] + n(t) \tag{2-25}$$

式中，$n(t)$ 为高斯白噪声；ω_c 为载波中心频率；$\varphi(t)$ 为随时间变化的载波相位。循环移位能量检测器通过检测扩频序列匹配输出能量，可以很好地解决载波相位的影响[5]。首先将接收信号 $r(t)$ 转化为基带信号

$$\begin{aligned} r_c(t) &= r(t)\mathrm{e}^{\mathrm{j}\omega_c t} + n(t)\mathrm{e}^{\mathrm{j}\omega_c t} \\ &= \frac{1}{2} c_{N[i]}(t) \left(\mathrm{e}^{-\mathrm{j}\varphi(t)} + \mathrm{e}^{\mathrm{j}[2\omega_c t + \varphi(t)]} \right) + n'(t) \end{aligned} \tag{2-26}$$

经过低通滤波处理后接收信号将变为

$$r_{\mathrm{low}}(t) = c_{N[i]}(t)\mathrm{e}^{\mathrm{j}\varphi(t)} + n_1(t) \tag{2-27}$$

式中，$n_1(t)$ 为低通滤波后的噪声分量。则式（2-22）输出结果为

$$y[m] = \left| \boldsymbol{r}_{\text{low}}^{\text{T}} \boldsymbol{K}^m \boldsymbol{c} \right|^2 \tag{2-28}$$

式中，$\boldsymbol{r}_{\text{low}}$ 为 $r_{\text{low}}(t)$ 的向量形式，

$$\boldsymbol{r}_{\text{low}} = \boldsymbol{\Lambda} \boldsymbol{c}_{N[i]} + \boldsymbol{\Gamma} \tag{2-29}$$

其中，$\boldsymbol{\Gamma}$ 为经过扩频序列匹配处理后的噪声分量，可视为小量处理；$\boldsymbol{\Lambda}$ 为残留载波相位。由于载波相位变化是在一个扩频符号持续时间内进行的，在这个有限时间内可认为 $\varphi(t) \approx \varphi$ 为一常量，因此有

$$\boldsymbol{\Lambda} = \begin{bmatrix} \text{e}^{-\text{j}\varphi} & & & \\ & \text{e}^{-\text{j}\varphi} & & \\ & & \ddots & \\ & & & \text{e}^{-\text{j}\varphi} \end{bmatrix} \tag{2-30}$$

则循环移位能量检测器输出能量向量 $\boldsymbol{y}$ 为

$$\begin{aligned} y[m] &= \left| \left(\boldsymbol{\Lambda} \boldsymbol{K}^{N[i]} \boldsymbol{c} \right)^{\text{T}} \boldsymbol{K}^m \boldsymbol{c} + \boldsymbol{\Gamma} \right|^2 \\ &= \left| \text{e}^{\text{j}\varphi} \boldsymbol{I} \boldsymbol{c}^{\text{T}} \boldsymbol{K}^{N[i]-m} \boldsymbol{c} + \boldsymbol{\Gamma} \right|^2 \\ &\approx \left| \boldsymbol{c}^{\text{T}} \boldsymbol{K}^{N[i]-m} \boldsymbol{c} \right|^2 \end{aligned} \tag{2-31}$$

从式（2-31）可以看到，循环移位匹配滤波器的输出是扩频序列匹配的能量形式，已经消除了载波相位跳变的影响，可有效保证循环移位扩频系统解码性能。

2.2.2　循环移位能量检测器性能分析

由式（2-31）可知，由于循环移位能量检测器输出为 N 个能量值，系统的干扰不仅包括噪声分量同时还包括了 $N-1$ 个非期望输出能量，因此虽然在相同系统参数条件下，循环移位扩频可以成倍地提高直扩系统的通信速率，但循环移位扩频系统的解码性能却低于直扩系统。图 2-16 给出了直扩系统和循环移位扩频系统的解码性能对比，仿真中扩频序列采用周期为 31 的 m 序列，可以看到采用循环移位能量检测器的循环移位扩频系统性能比采用差分能量检测器的直扩系统低 3dB 左右。事实上，在相同系统参数条件下，当扩频水声系统采用的扩频序列周期增大时，虽然循环移位扩频系统的性能会提升，但随着循环移位能量检测的非期望能量干扰输出增多，循环移位扩频系统与直扩系统的性能差距将增大。因此，在实际应用中可根据需要减少循环移位次数来提高系统性能，当然这是以牺牲循环移位扩频系统的通信速率为代价的。

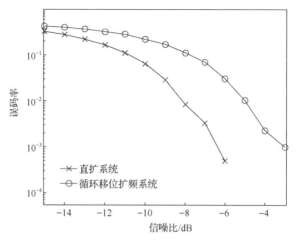

图 2-16　直扩系统与循环移位扩频系统性能对比

　　由式（2-30）可知，循环移位能量检测器在抗载波相位跳变干扰上的假设前提是载波相位跳变在一个扩频符号持续时间内保持稳定，这一假设条件比差分能量检测器和差分相关检测器要条件松，因此在相同系统参数和相同海洋环境条件下，循环移位能量检测器在抗载波相位跳变能力上要优于差分相关检测器和差分能量检测器。图 2-17 给出了存在载波相位跳变影响下直扩系统和循环移位系统性能对比，其中扩频序列选用周期为 31 的 m 序列，直扩系统采用差分能量检测器。可以看到，载波相位跳变的加快均会损失扩频处理增益导致系统性能下降，但采用差分能量检测器的直扩系统性能受影响更为明显。

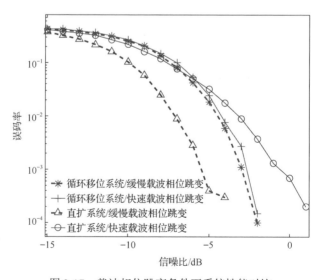

图 2-17　载波相位跳变条件下系统性能对比

循环移位能量检测器对水声信道的多途扩展十分敏感，下面利用相干多途信道模型来分析水声信道对循环移位扩频系统的影响。

当考虑水声信道影响时，接收端接收信号为

$$r[n] = \sum_{k=1}^{L} A_k c[n - \tau_{kn}] + z[n]$$

$$= \sum_{k=1}^{L} A_k \boldsymbol{H}_{\tau_{kn}} \boldsymbol{K}^{N[i]} \boldsymbol{c} + \boldsymbol{z} \qquad (2\text{-}32)$$

式中，L 为水声信道多径条数；τ_{kn} 为每条路径的延迟；A_k 为每条路径的衰减系数；$z[n]$ 为加性高斯白噪声；

$$\boldsymbol{H}_{\tau_{kn}} = \begin{bmatrix} \boldsymbol{0}_{(M-\tau_{kn}) \times \tau_{kn}} & \boldsymbol{I}_{(M-\tau_{kn}) \times (M-\tau_{kn})} \\ \boldsymbol{0}_{\tau_{kn} \times \tau_{kn}} & \boldsymbol{0}_{\tau_{kn} \times (M-\tau_{kn})} \end{bmatrix} \qquad (2\text{-}33)$$

假设水声信道第一条路径为直达声并令 $\tau_{1n} = 0$，则循环移位能量检测器输出为

$$y[m] = \left| \left(\sum_{k=1}^{L} A_k \boldsymbol{H}_{\tau_{kn}} \boldsymbol{K}^{N[i]} \boldsymbol{c} + \boldsymbol{z} \right)^{\mathrm{T}} \boldsymbol{K}^m \boldsymbol{c} \right|^2$$

$$= \left| \sum_{k=1}^{L} A_k \boldsymbol{c}^{\mathrm{T}} (\boldsymbol{K}^{N[i]})^{\mathrm{T}} \boldsymbol{H}_{\tau_{kn}}^{\mathrm{T}} \boldsymbol{K}^m \boldsymbol{c} + \boldsymbol{z}' \right|^2$$

$$= \left| A_1 \boldsymbol{c}^{\mathrm{T}} \boldsymbol{K}^{N[i]-m} \boldsymbol{c} + \sum_{k=1}^{L} A_k \boldsymbol{c}^{\mathrm{T}} (\boldsymbol{K}^{\mathrm{T}})^{N[i]} \boldsymbol{H}_{\tau_{kn}}^{\mathrm{T}} \boldsymbol{K}^m \boldsymbol{c} + \boldsymbol{z}' \right|^2 \qquad (2\text{-}34)$$

式中，最后一个等号右侧第一项为期望项；其余两项分别为多径干扰项和噪声干扰项。从式（2-34）可以看出，经过水声信道后循环移位能量检测器输出能量向量 $\boldsymbol{y}[m]$ 在 $m = N[i] - \tau_{kn}$ 处将会出现多个峰值，即水声信道的多途扩展导致了循环移位扩频信号的码内干扰。再加上噪声项的影响，系统在选择峰值时可能会出现差错，进而产生误码。同理，当水声信道的多途扩展时间大于循环移位扩频信号码元周期时间时，将会产生码间干扰，进一步影响循环移位匹配滤波器的输出能量结果。

2.3　M 元水声扩频通信

M 元扩频利用 M 条扩频序列完成对信息序列的编码映射，其中 M 为 2 的整次幂。在 M 元扩频编码过程中，根据每 $\log_2 M$ 个原始信息组合来从 M 条扩频序

列中选择一条扩频序列完成扩频编码映射。传统的直扩系统采用一条扩频序列来映射 1bit 信息，而 M 元扩频系统则利用一条扩频序列来映射 $\log_2 M$ 个信息，因此在相同参数条件下可成倍提高直扩系统通信速率[6]。

传统的 M 元扩频系统接收端采用 M 个相关器进行解码，并没有考虑载波相位跳变干扰的影响。本节将采用 M 元能量检测器来完成 M 元扩频接收端解码，可以有效克服载波相位跳变的干扰。

2.3.1 M 元能量检测器

设 M 元扩频系统中的 M 条扩频序列分别为 $c_1, c_2, \cdots, c_M$，则定义 M 元扩频矩阵为

$$\boldsymbol{P} = [\boldsymbol{c}_1 \quad \boldsymbol{c}_2 \quad \cdots \quad \boldsymbol{c}_M] \tag{2-35}$$

M 元扩频系统在编码时将发送二进制序列 $a[i]$，每 $\log_2 M$ 为一组进行串并转换，将二进制数据流转换成十进制数据流 $N[i]$。通过得到的 $N[i]$ 来选择矩阵 $\boldsymbol{P}$ 中的扩频序列，进而完成 M 元扩频编码，经过 M 元扩频编码后的基带信号为

$$\boldsymbol{s}_{\mathrm{b}} = \boldsymbol{P} \boldsymbol{K}^{N[i]} \boldsymbol{\alpha} \tag{2-36}$$

式中，$\boldsymbol{\alpha} = [1 \quad 0 \quad \cdots \quad 0]_{M \times 1}^{\mathrm{T}}$ 为 $M \times 1$ 单位向量。因此，M 元扩频系统的发送信号为

$$s(t) = \mathrm{Re}\{s_{\mathrm{b}}(t) \exp(\mathrm{j}\omega_c t)\} \tag{2-37}$$

式中，$s_{\mathrm{b}}(t)$ 为 $\boldsymbol{s}_{\mathrm{b}}$ 的时域波形。

接收端接收信号可以表示为（为方便说明暂不考虑水声信道）

$$r(t) = s_{\mathrm{b}}(t) \cos[\omega_c t + \varphi(t)] + n(t) \tag{2-38}$$

式中，$n(t)$ 为高斯白噪声；$\varphi(t)$ 为载波相位跳变。通过带通滤波处理后，接收信号直接由通带信号转化为基带信号

$$\begin{aligned} r_1(t) &= \mathrm{LPF}\left(r(t)\mathrm{e}^{-\mathrm{j}\omega_c t}\right) \\ &= s_{\mathrm{b}}(t)\mathrm{e}^{\mathrm{j}\varphi(t)} + n'(t) \end{aligned} \tag{2-39}$$

式中，LPF(·) 代表低通滤波。经过离散处理后，$r_1(t)$ 可以写成向量形式

$$r_1 = c_{N[i]}[n]e^{j\varphi[n]} + n'[n]$$
$$= \varLambda P K^{N[i]}\alpha + \varGamma \tag{2-40}$$

式中，$\varGamma$ 为噪声分量；$\varLambda$ 为残留载波相位，假设其与式（2-30）完全相同。

M 元能量检测器将本地的 M 元扩频矩阵转置后与接收基带信号相乘，则输出能量向量为

$$y = \left| P^T r_1 \right|^2$$
$$= \left| P^T \varLambda P K^{N[i]}\alpha + P^T \varGamma \right|^2$$
$$= \left| e^{j\varphi} \right|^2 \left| P^T I P K^{N[i]}\alpha + \varDelta \right|^2$$
$$= \left[\left| c_1^T c_{N[i]} \right|^2 \quad \left| c_2^T c_{N[i]} \right|^2 \quad \cdots \quad \left| c_M^T c_{N[i]} \right|^2 \right]^T \tag{2-41}$$

式中，I 为 $M \times M$ 的单位矩阵；$\varDelta$ 为扩频处理后的噪声分量，可忽略不计。由扩频序列间的互相关特性可知

$$c_i^T c_j \begin{cases} = N, & i = j \\ \ll N, & i \neq j \end{cases} \tag{2-42}$$

因此，通过输出最大能量的位置即可完成解码，即

$$\hat{N}[i] = \arg\max_m \{y[m]\} \tag{2-43}$$

从式（2-41）可以看到，M 元能量检测器的输出结果为 M 个能量值，不受载波相位跳变的影响。

2.3.2 正交组合序列

2.3.1 小节通过公式给出了 M 元能量检测器的原理，利用扩频序列的弱相关性来检测输出能量最大值出现的位置即可实现解码。但 M 元扩频系统在实际应用中还面临着一个问题，即如何选取 M 条扩频序列。当 $M=128$ 或者更大时扩频序列的选取是十分困难的，同时所选取的 M 条扩频序列的互相关系数还应尽可能小，从而保证 M 元能量检测器的输出能量不受非期望能量的干扰。本节将采用伪随机序列和 Walsh（沃尔什）序列组合而成的正交序列来解决这一问题。

Walsh 序列具有良好的正交特性且产生方便，不同阶数的 Walsh 序列可以通过递推关系得到：

$$H_2 = \begin{bmatrix} -1 & -1 \\ -1 & 1 \end{bmatrix}$$

$$H_4 = H_2 \times H_2 = \begin{bmatrix} H_2 & H_2 \\ H_2 & \overline{H}_2 \end{bmatrix} = \begin{bmatrix} -1 & -1 & -1 & -1 \\ -1 & 1 & -1 & 1 \\ -1 & -1 & 1 & 1 \\ -1 & 1 & 1 & -1 \end{bmatrix} \tag{2-44}$$

$$H_{2n} = H_n \times H_n = \begin{bmatrix} H_n & H_n \\ H_n & \overline{H}_n \end{bmatrix}$$

式中，n 为 2 的整次幂；$\overline{H}_n$ 为 H_n 的互补矩阵。利用式（2-44）的递推关系可得到任意阶数的 Walsh 矩阵，矩阵中每一列代表一条 Walsh 序列。可以看到，Walsh 矩阵中的序列彼此严格正交：

$$w_i^{\mathrm{T}} w_j = 0, \quad i \neq j \tag{2-45}$$

式中，w_i、w_j 分别为 Walsh 序列 $w_i[n]$、$w_j[n]$ 的向量形式。正交组合序列则是通过伪随机序列与 Walsh 序列对应相乘得到，即

$$cw_i[n] = c[n] w_i[n] \tag{2-46}$$

式中，c 为伪随机序列，可以选择 m 序列、M 序列、Kasami 序列、混沌序列等。本节采用的正交组合序列是由混沌序列与 Walsh 序列组合而成的，其中混沌序列可由切比雪夫混沌映射产生。正交组合序列将保留 Walsh 序列的严格正交特性：

$$\begin{aligned} cw_i^{\mathrm{T}} cw_j &= \sum \left(c[n] \right)^2 w_i[n] w_j[n] \\ &= \sum w_i[n] w_j[n] \\ &= w_i^{\mathrm{T}} w_j \\ &= 0 \end{aligned} \tag{2-47}$$

由于正交组合序列还保有伪随机序列优良的自相关特性，图 2-18 随机给出了某一条正交组合序列的自相关函数图，可以看到正交组合序列的自相关函数具有较为尖锐的主瓣和较低的旁瓣。

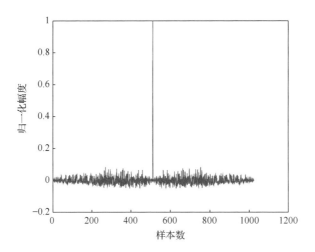

图 2-18　正交组合序列自相关函数图

当 M 元扩频系统采用正交组合序列时，M 元能量检测器输出能量向量为

$$
\boldsymbol{y} = \left[\left| \boldsymbol{cw}_1^{\mathrm{T}} \boldsymbol{cw}_{N[i]} \right|^2 \quad \left| \boldsymbol{cw}_2^{\mathrm{T}} \boldsymbol{cw}_{N[i]} \right|^2 \quad \cdots \quad \left| \boldsymbol{cw}_M^{\mathrm{T}} \boldsymbol{cw}_{N[i]} \right|^2 \right]^{\mathrm{T}}
$$

$$
= \left[0 \quad 0 \quad \cdots \quad \left| \boldsymbol{cw}_{N[i]}^{\mathrm{T}} \boldsymbol{cw}_{N[i]} \right|^2 \quad 0 \right]^{\mathrm{T}} \tag{2-48}
$$

从式（2-48）可以看到，正交组合序列使得非期望输出能量降到最低，从而提高 M 元能量检测器的性能。

2.3.3　M 元能量检测器性能分析

前面分别介绍了循环移位能量检测器和 M 元能量检测器的原理，对比式（2-22）和式（2-48）可知循环移位能量检测器和 M 元能量检测器的输出能量向量基本相同，且二者对载波相位跳变的假设条件也相同，因此可知二者在抗载波相位跳变的性能上基本一致。图 2-19 给出了循环移位能量检测器和 M 元能量检测器在缓慢载波相位跳变以及快速载波相位跳变条件下的性能曲线。仿真中循环移位扩频系统采用周期为 127 的 m 序列，M 元能量检测器采用周期为 128 的正交组合序列。可以看到，在缓慢变化的载波相位跳变干扰和快速变化的载波相位跳变干扰条件下，二者的解码性能基本一致，从而验证了之前的分析。

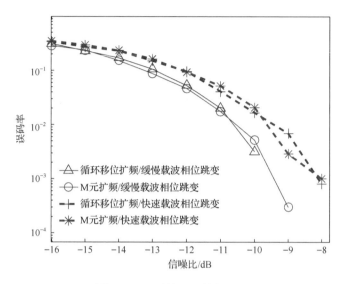

图 2-19　两种检测器性能对比

当考虑水声多途信道影响时，二者性能将出现明显差异：循环移位能量检测器对水声信道的多途扩展干扰十分敏感，而 M 元能量检测器则具有一定的抗多途干扰能力。下面通过公式来对 M 元能量检测器的抗水声信道干扰的能力进行说明。

设水声信道为 $\boldsymbol{h}^{\mathrm{T}} = \begin{bmatrix} h_{L-1} & h_{L-2} & \cdots & h_0 \end{bmatrix}$，则 M 元扩频系统接收的基带信号为

$$r = \mathrm{e}^{\mathrm{j}\varphi} Sh + \boldsymbol{\Gamma} \tag{2-49}$$

式中，$\boldsymbol{\Gamma}$ 为噪声分量，由于噪声分量在解扩处理后为小量，因此下面分析中将其略去；$\boldsymbol{S}$ 为发送基带信号矩阵，

$$\boldsymbol{S} = \begin{bmatrix} s_{\mathrm{b}}[1] & s_{\mathrm{b}}[2] & \cdots & s_{\mathrm{b}}[L] \\ s_{\mathrm{b}}[2] & s_{\mathrm{b}}[3] & \cdots & s_{\mathrm{b}}[L+1] \\ \vdots & \vdots & & \vdots \\ s_{\mathrm{b}}[N] & 0 & \cdots & 0 \end{bmatrix}_{N \times L} \tag{2-50}$$

则 M 元能量检测器的输出能量向量为

$$y = \left| \boldsymbol{\beta}^{\mathrm{T}} Sh \right|^2 = \left| h_{L-1} \boldsymbol{P}^{\mathrm{T}} \boldsymbol{\beta}_1 + \sum_{k=2}^{L} h_{L-k} \boldsymbol{P}^{\mathrm{T}} \boldsymbol{\beta}_k \right|^2 \tag{2-51}$$

式中，$\boldsymbol{\beta}_1, \boldsymbol{\beta}_2, \cdots, \boldsymbol{\beta}_L$ 为发送基带信号矩阵的列向量：

$$\boldsymbol{S} = \begin{bmatrix} \boldsymbol{\beta}_1 & \boldsymbol{\beta}_2 & \cdots & \boldsymbol{\beta}_L \end{bmatrix} \tag{2-52}$$

由式（2-50）和式（2-52）可知，$\boldsymbol{\beta}_1 = \boldsymbol{s}_b = \boldsymbol{PK}^{N[i]}\boldsymbol{\alpha}$，$\boldsymbol{\beta}_k\,(k \neq 1)$为$\boldsymbol{s}_b$的各个时刻的延迟结果。因此式（2-51）可整理为

$$y = \left[\left|\varDelta_1\right|^2 \quad \left|\varDelta_2\right|^2 \quad \cdots \quad \left|h_{L-1}\boldsymbol{c}_{N[i]}^{\mathrm{T}}\boldsymbol{c}_{N[i]} + \eta\right|^2 \quad \cdots \quad \left|\varDelta_M\right|^2\right]^{\mathrm{T}} \tag{2-53}$$

式中，

$$\varDelta_m = \sum_{k=2}^{L} h_{L-k}\boldsymbol{c}_m^{\mathrm{T}}\boldsymbol{\beta}_k, \quad m = 1,2,\cdots,M, \quad m \neq N[i] \tag{2-54}$$

$$\eta = \sum_{k=2}^{L} h_{L-k}\boldsymbol{c}_{N[i]}^{\mathrm{T}}\boldsymbol{\beta}_k \tag{2-55}$$

由扩频序列间的弱互相关性可知$\varDelta_m$为小量，由扩频序列的自相关性可知η为小量。因此，M 元能量检测器可以利用扩频序列优良的自相关和互相关特性抑制水声信道多途扩展的影响。这里也解释一下本节采用组合序列而非直接采用 Walsh 序列的原因：Walsh 序列虽然满足严格的正交特性，但其自相关特性较差，因此在多途扩展干扰条件下η较大，从而影响系统解码。显然，M 元能量检测器同样可以结合时间反转镜来提高性能。经时间反转镜处理后，式（2-53）输出的能量向量中的$\varDelta_m$和η将进一步减小。图 2-20 给出了在多途干扰下循环移位能量检测器和 M 元能量检测器性能对比曲线，可以看到在多途干扰条件下 M 元能量检测器性能明显优于循环移位能量检测器。

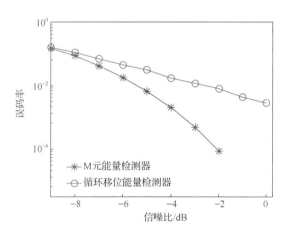

图 2-20　多途干扰下两种能量检测器性能对比

综上，循环移位能量检测器和 M 元能量检测器的抗载波相位跳变能力基本一致，但 M 元能量检测器的抗多途干扰能力要优于循环移位能量检测器。事实上，当 M 元扩频系统中的 M 条扩频矩阵由一条扩频序列循环移位构建时，M 元扩频

系统即为循环移位扩频系统,因此循环移位扩频系统实际上是 M 元扩频系统的特例,本书后续将统一讨论 M 元扩频系统而不再对 M 元扩频系统和循环移位扩频系统进行区分。

2.4　组合水声扩频通信

组合扩频是在 M 元扩频的基础上发展起来的,与传统 M 元扩频不同,组合扩频是从 M 元扩频矩阵中选择 r 条序列并行发送来完成扩频编码映射[7]。可以看到,当 $r=1$ 时组合扩频就变成了 M 元扩频,因此组合扩频同样可以采用能量检测的方式进行解码来应对载波相位跳变。组合扩频在一个扩频符号持续时间内可携带数据量为 $[\log_2 C_M^r]$ bit,其中 $[\cdot]$ 表示取整;C_M^r 表示从 M 个元素中取 r 个元素的组合个数。下面将对组合扩频系统原理进行说明并分析其性能。

图 2-21 给出了组合扩频系统原理框图。

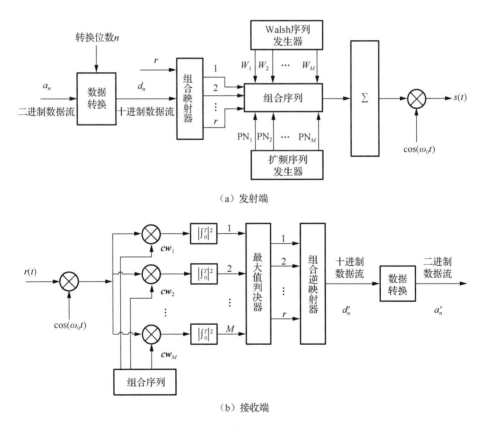

（a）发射端

（b）接收端

图 2-21　组合扩频系统原理框图

　　发射端首先将原始信息序列进行串并转换，将二进制数据流以每 j bit 为一组转换成十进制数据流 $N[i]$，这里 j 要满足：$2^j \leqslant C_M^r$。利用得到的十进制数据流 $N[i]$ 来从 M 元扩频矩阵中选择 r 条序列进行组合扩频编码映射，则可得到组合扩频系统基带信号：

$$s_{\text{cb}} = \sum_{k=1}^{r} \boldsymbol{c}_k^{(a_k)} \tag{2-56}$$

式中，$\boldsymbol{c}_k^{(a_k)}$ 表示组合扩频时被选择的第 k 条序列是 M 元扩频矩阵中编号为 a_k 的扩频序列。基带信号 s_{cb} 经过载波调制后即可发送出去：

$$s(t) = s_{\text{cb}}(t)\cos(\omega_c t) \tag{2-57}$$

式中，ω_c 为载波中心频率；$s_{\text{cb}}(t)$ 为基带信号 s_{cb} 的时域波形。接收端接收信号为（为了方便讨论暂不考虑水声信道）

$$r(t) = s_{\text{cb}}(t)\cos[\omega_c t + \varphi(t)] + n(t) \tag{2-58}$$

式中，$n(t)$ 为加性高斯白噪声；$\varphi(t)$ 为载波相位跳变，这里假设其与式（2-30）完全一致，不再赘述。离散处理后，接收信号由通带信号转换到基带信号后可得

$$r_{\text{b}} = \text{e}^{\text{j}\varphi} \sum_{k=1}^{r} \boldsymbol{c}_k^{(a_k)} + \boldsymbol{n} \tag{2-59}$$

则 M 元能量检测器的输出能量向量 $\boldsymbol{y}_c$ 为

$$
\begin{aligned}
\boldsymbol{y}_c &= \left|\text{e}^{\text{j}\varphi}\right|^2 \left|\boldsymbol{P}^{\text{T}} \sum_{k=1}^{r} \boldsymbol{c}_k^{(a_k)} + \boldsymbol{P}^{\text{T}}\boldsymbol{n}\right|^2 \\
&= \sum_{k=1}^{r} \left|\boldsymbol{P}^{\text{T}}\boldsymbol{c}_k^{(a_k)} + \boldsymbol{\varGamma}\right|^2 \\
&= \left[\begin{matrix} 0 & \cdots & \left|\boldsymbol{cw}_{a_1}^{\text{T}}\boldsymbol{c}_1^{(a_1)}\right|^2 & \cdots & \left|\boldsymbol{cw}_{a_j}^{\text{T}}\boldsymbol{c}_j^{(a_j)}\right|^2 & \cdots & \left|\boldsymbol{cw}_{a_r}^{\text{T}}\boldsymbol{c}_r^{(a_r)}\right|^2 & \cdots & 0 \end{matrix}\right]^{\text{T}}, \quad j = 1, 2, \cdots, r
\end{aligned}
\tag{2-60}
$$

式中，$\boldsymbol{\varGamma}$ 为 M 元扩频后的噪声分量，可视为小量，忽略不计。可以看到输出能量向量将出现 r 个峰值，通过检测这 r 个峰值即可得到发射端选择的 r 条扩频序列，进而根据 r 条扩频序列序号逆映射得到信息序列。

　　在组合扩频系统中，发送端十进制信息序列与所选择的 r 条扩频序列间的映射、接收端已检测得到的 r 条扩频序列与十进制信息序列间的逆映射是实现组合扩频以及解码的关键。目前已有的文献中提出了多种映射算法，本节主要采用 r-组合映射算法来实现组合扩频编码映射和逆映射。数学中的 r-组合问题可以很好地完成组合扩频映射编码，基于如下两个定理即可解决 r-组合问题。

定理 2-1　从 n 个不同的元素中任取 r 个元素组合，对于给定的组合序号 N（其中组合序号基于 r-组合大小排序），可通过式（2-61）确定该组合的元素 $a_i(1 \leqslant i \leqslant r)$：

$$\min_{\{a_i\}} C_{n-a_j}^{r-i+1} \leqslant C_n^r - N - \sum_{t=1}^{i-1} C_{n-a_{i-1}}^{r-t+1} \qquad (2\text{-}61)$$

定理 2-2　从 n 个不同的元素中任取 r 个元素组合，当 r-组合的各个元素为已知时，式（2-62）可确定基于排列的组合序号 N：

$$N = a_r - a_{r-1} + \sum_{t=0}^{r-2} (C_{n-a_t}^{r-t} - C_{n+1-a_{t+1}}^{r-t}) \qquad (2\text{-}62)$$

上述两个定理保证了组合扩频中编码映射的完备性和可行性。定理 2-1 保证了组合扩频编码时由信息码向组合码的映射，即通过 j bit 的信息流确定组合序列，从而利用式（2-61）选出组合元素（扩频序列）进行组合扩频；而定理 2-2 则保证了接收端由组合扩频码向信息码的编码逆映射，即通过 M 元能量检测器检测出组合元素，从而利用式（2-62）确定组合序号，最终逆映射回信息序列。

由于组合扩频是将 r 条扩频序列叠加后并行传输，因此系统在抗噪性能上会随着 r 的增加而下降，在实际应用中 r 不宜选择过大。理想条件下，选择 r_1 条扩频序列进行组合扩频的系统性能比选择 r_2 条扩频序列进行组合扩频的系统性能差 $10\lg(r_1/r_2)$ dB（$r_1 > r_2$）。图 2-22 给出了选择不同条数的扩频序列进行组合扩频的系统性能曲线对比结果，仿真中两个组合扩频系统均采用周期为 128 的组合正交序列，每个扩频符号持续时间映射 10bit 信息。第一个组合扩频系统采用 20 选 3 的

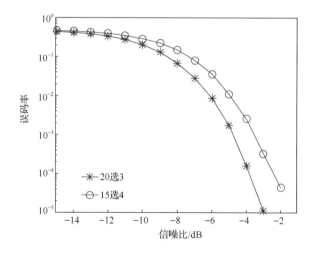

图 2-22　不同组合扩频方式系统性能对比

组合扩频方式，第二个组合扩频系统采用 15 选 4 的组合扩频方式。从图中可以看到，20 选 3 的组合扩频系统性能要比 15 选 4 的组合扩频系统性能好 1.2dB。事实上与多通道扩频一样，组合扩频系统是以牺牲系统性能来提高系统频带利用率的。

由 2.3 节分析可知 M 元能量检测器具有一定的抗水声信道多途干扰能力，因此采用 M 元能量检测器的组合扩频系统也具有一定的抗多途干扰能力。同样的，其抗多途干扰能力也会随着 r 的增加而下降，这是因为当考虑水声信道影响时，接收信号将变为（为方便讨论忽略噪声影响）

$$r = \sum_{k=1}^{r} S_k h \tag{2-63}$$

式中，$h = [h_{L-1} \quad h_{L-2} \quad \cdots \quad h_0]^T$ 为水声信道；

$$S_k = \begin{bmatrix} c_k^{(a_k)}[1] & c_k^{(a_k)}[2] & \cdots & c_k^{(a_k)}[L] \\ c_k^{(a_k)}[2] & c_k^{(a_k)}[3] & \cdots & c_k^{(a_k)}[L+1] \\ \vdots & \vdots & & \vdots \\ c_k^{(a_k)}[N] & 0 & \cdots & 0 \end{bmatrix}_{N \times L} \tag{2-64}$$

则 M 元能量检测器输出能量向量为

$$y = \left[\left| \sum_{k=1}^{r} \Delta_{1,k} \right|^2 \quad \cdots \quad \left| cw_{a_j}^T c_j^{(a_j)} + \eta_j + \sum_{k=1}^{r} \Delta_{a_j,k} \right|^2 \quad \cdots \quad \left| \sum_{k=1}^{r} \Delta_{M,k} \right|^2 \right]^T \tag{2-65}$$

式中，$j = 1,2,\cdots,r$；$k \neq a_j$；

$$\Delta_{m,k} = \sum_{i=1}^{L} h_{L-k} cw_m^T \beta_{i,k}, \quad m = 1,2,\cdots,M, \quad k = 1,2,\cdots,r \tag{2-66}$$

$$\eta_j = \sum_{i=2}^{L} h_{L-k} c_{a_j}^T \beta_{i,j} \tag{2-67}$$

其中，$\beta_{i,j}$ 为 S_j 中第 i 个列向量。由扩频序列的自相关特性和互相关特性可知 $\Delta_{m,k}$ 和 η_j 均为小量，输出能量向量具有一定的抗多途扩展干扰的能力。但由于多途扩展干扰是 r 个叠加结果，输出能量向量的 r 个峰值会随着 r 的增大而相对减小，最终淹没在干扰中。

2.5 Pattern 时延差编码水声扩频通信

Pattern 时延差编码（Pattern time delay shift coding, PDS）水声通信体制将信息编码技术和信道编码技术融入信号码元的设计中，使得每个携带信息的基本码元均具有抗水声多途干扰的能力，能可靠地传输信息，而且码元占空比小，从而具有节省系统功耗的特性。这些特性使得 PDS 扩频体制在水声通信领域具有应用优势。

将扩频通信与 PDS 水声通信体制相结合，本节提出一种适用于水声环境的通信方案。既获取了扩频通信的一系列特性，又基于 PDS 通信体制提高了扩频通信速率，二者结合，优势互补，鲁棒性强。

2.5.1　PDS 扩频体制

1．PDS 扩频体制编码原理

PDS 水声通信体制属于脉位编码，信息并非调制在码元波形中，而是调制于 Pattern 码出现在码元窗的时延差信息中，不同的时延差值代表不同的信息。图 2-23 为 PDS 示意图，给出了一组码元结构，包含 L 个相关性优良的 Pattern 码。

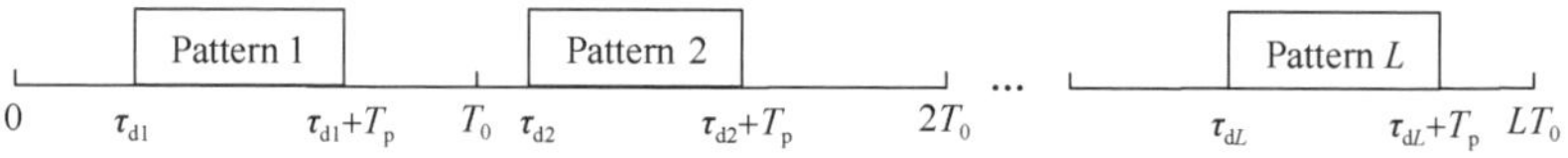

图 2-23　PDS 示意图

图 2-23 中 $\tau_{\mathrm{d}i}$ $(i=1, 2, \cdots, L)$ 表示时延差值，为 Pattern 码出现在码元窗的位置；T_{p} 为 Pattern 码脉宽；T_0 为码元宽度。PDS 扩频体制的每个码元占空比为 $\eta = T_{\mathrm{p}} / T_0$，其数值小于 1。

若每个码元携带 n bit 信息，则将编码时间均匀分为 $(2^n - 1)$ 份，编码量化间隔 $\Delta \tau = T_c / (2^n - 1)$，时延差 τ_{d} 为

$$\tau_{\mathrm{d}} = k \cdot \Delta \tau, \quad k = 0, 1, \cdots, 2^n - 1 \tag{2-68}$$

不同的时延差 τ_{d} 代表不同的信息，例如每个码元携带 n=4bit 信息，则将编码时间均匀分为 15 份，若 k=0，则代表数字信息"0 0 0 0"，若 k=11，则代表数字信息"1 0 1 1"。

系统通信速率为

$$v = \log_2 \left(\frac{T_c}{\Delta \tau} + 1 \right) \Big/ T_0 = n / T_0 \tag{2-69}$$

从上式可以看出，编码时间 T_c 和 Pattern 脉宽 T_{p} 一定即码元宽度 T_0 一定时，通信速率与每个码元携带的比特数有关，每个码元所携带的信息量 n 越大，则通信速

率越高，而此时编码量化间隔 $\Delta\tau$ 就越小，这就对系统的时延估计精度要求越高。由此可见，时延估计的精度越高，则编码量化间隔 $\Delta\tau$ 可分得越细，每个码元所携带的信息量也就越大，通信速率越高。

单频道 PDS 波形信号可以表示成如下形式：

$$s(t) = \sum_{i=0}^{+\infty}\sum_{j=0}^{L-1} p_j\left[t-(j+L\cdot i)\cdot T_0 - k_{ij}\cdot\Delta\tau\right], \quad k_{ij} = 0,1,\cdots,2^n-1 \qquad (2\text{-}70)$$

式中，$p_j(t)$ 表示第 j 号 Pattern 波形，其脉宽为 T_p；$k_{ij}\cdot\Delta\tau$ 为第 $(L\cdot i+j+1)$ 号信息码元的时延差。

2. 多频道 PDS 水声扩频通信

本系统通过频率分割来划分通信信道。将系统带宽等分成 N 个子频道，每一个子频道对应一个通信频道，每个频道的信源编码、信道编码工作方式是一样的。多频道同时工作，通信速率相对于单频道工作提高了 N 倍。

每个频道均选取互相准正交的 L 种 Pattern 波形以抑制码间干扰，各频道分别编码后，各路编码信号叠加发射出去，即多频道 PDS 信号可表示为如下形式：

$$s(t) = \sum_{l=1}^{N} s_l(t) \qquad (2\text{-}71)$$

式中，$s_l(t)$ 为第 l 个频道的编码信号，其编码形式如式（2-70）所示。

多频道可同时工作，这样就可以选择某些频道用于下行通信，而剩余的频道用于上行通信，为实现组网通信及全双工工作方式提供了条件。

对于浅海工作环境进行仿真研究，系统工作频带选取 5~13kHz，均分为 4 个子频道即 4 个通信频道（I、II、III、IV），每个频道占用 2kHz 带宽、选取 $L=5$ 种 Pattern 波形，其通信速率是单频道通信的 4 倍；湖试系统工作频带限制在 6~9kHz，均分为 2 个子频道即 2 个通信频道，其通信速率是单频道通信的 2 倍。

3. PDS 码体制

PDS 通信系统采用 Pattern 码作为水下数据传输的信息码元，以 4 个频道工作方式为例，设信道多途扩展时间小于 T_{ISI}，其数据码元结构如图 2-24 所示。

（1）唤醒码用于唤醒通信系统，使通信系统上电准备通信工作。只在通信刚开始时才发出唤醒码，后续通信时由同步码起始。

（2）信道测试用于测量信道多普勒系数 σ，当与移动节点通信时，相关器的参考信号均须依据 σ 实时计算。

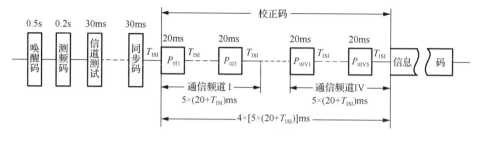

图 2-24　PDS 码元结构图

（3）同步码可以给出译码窗的时间基准并确定最强途径的到达时刻。接收机利用拷贝相关器通过峰选测得同步码到达时刻，相关峰对应的时刻作为译码窗同步基准，该时刻亦为最强的多径到达时刻。同步码与后面的校正码应有一定时隙，以减小同步码的多途信号对后面校正码的影响。

（4）校正码是一码串，它包括本体制中使用的所有码型，它为后面的信息码提供时延估计的参考信号。校正码是为修正多途信号对译码的影响而设置的，它提供了相干重置参考波形及译码的时延差修正量。校正码与信息码之间应有一定时隙，须保证在信息码到来之前完成参考波形制表。

（5）信息码跟在校正码的后面，可以有多组信息码，这取决于海洋信道相对稳定的时间。每个频道的一组信息码含有 5 种码型，和校正码的码型种数一样，它用码片出现在码元窗的时延差调制信息。本通信系统 4 个频道同时工作，每组信息码是由 4 个频道的信息码叠加而成的。

图 2-25（a）给出了信源、信道编码后波形；信号经海洋信道传输至接收机，接收波形如图 2-25（b）所示，存在多途及噪声干扰。

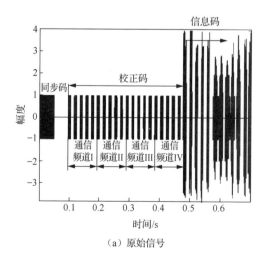

（a）原始信号

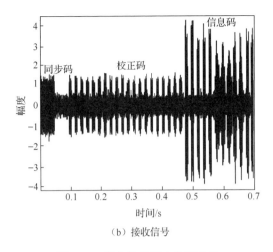

（b）接收信号

图 2-25　通信信号经声信道传输

4. PDS 扩频体制译码原理

PDS 通信体制在发射端利用 Pattern 码的时延差进行时延编码，在接收端采用时延估计技术进行时延测量译码。时延估计的精度越高，编码量化间隔 $\Delta\tau$ 可分得越细，每个码元所携带的信息量也就越大。

时延估计技术在水下目标定位、被动声呐测距等方面有着广泛的应用，国内外提出了各种时延估计方法，如相关法时延估计、极大似然时延估计、自适应参数估计方法、高阶统计量分析、小波分析等。本章提出相干重置技术以提高测时精度，并基于此采用拷贝相关时延估计方法和多频道联合时延估计方法两种译码方案。

1）相干重置技术

校正码是为修正多途信号对译码的影响而设置的，它提供了相干重置参考波形及译码的时延差修正量。每个频道的校正码是 5 个选定的 Pattern 波形串，它们的代码均为零时延。由同步码给出开窗时间基准后，在每 5 个窗内（每个窗宽为 T_0）截取 5 段信号并存储到对应的随机存储器中。各个窗内采集的波形作为相干重置处理的参考信号。

下面介绍相干重置技术克服信道多途扩展的简单原理。设校正码 $C_0(t)$ 经海洋信道传输至接收机得到信号 $C_r(t)$。由于受到海洋信道作用，接收信号 $C_r(t)$ 波形已不同于发射信号 $C_0(t)$，是多途信号的叠加。在接收端以 $C_r(t)$ 作为参考信号，或进行拷贝相关或进行制表，当与此校正码对应相同 Pattern 波形的信息码到达接收端时，在信道相干时间内，可认为信道对 $C_0(t)$ 和信息码中的 Pattern 波形作用是一致的，因此采用的相干重置技术可克服信道多途扩展干扰影响。图 2-26 给出了通信流程示意图。

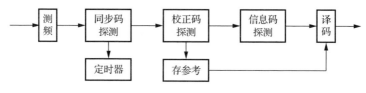

图 2-26　通信流程示意图

图 2-27 为相干重置技术在拷贝相关中的仿真。图 2-27（a）是将接收到的校正码作为拷贝相关器的参考信号，与其对应相同 Pattern 的信息码做拷贝相关得到的归一化输出波形；图 2-27（b）是将其相关峰附近坐标放大后得到的效果图；图 2-27（c）是以 Pattern 原波形作为拷贝相关器的参考信号得到的拷贝相关归一化输出波形，图 2-27（d）是将其相关峰附近坐标放大后得到的效果图。

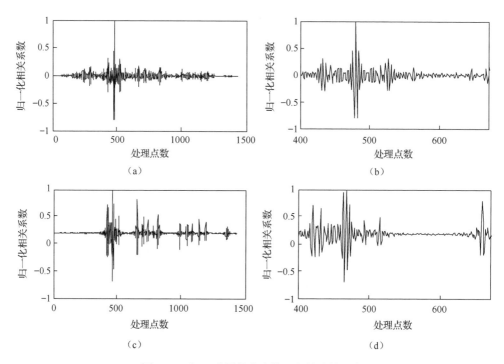

图 2-27　相干重置技术在拷贝相关中的仿真

如图 2-27（d）所示，码内多途干扰的存在导致相关峰分裂成 2 个峰甚至更多峰，导致峰值误判而产生误码，而图 2-27（b）则具有单一峰值。可见，接收校正码作为拷贝相关器的参考信号，可以减小码内多途干扰，提高 PDS 扩频体制的时延差测量精度。

2）拷贝相关时延估计译码

拷贝相关又称为副本相关，就是用发射信号与经信道传输后的接收信号求相关，其参考信号是发射信号的拷贝，在性能上等价于匹配滤波器，输出具有最大信噪比，其处理增益由信号的带宽和脉宽的乘积决定。尽管匹配滤波器的输出信噪比在理想条件下与信号波形（信号能量一定时）无关，但是实际上选择合适的波形对水声系统的工作性能（检测能力和测量性能）有重要影响。

PDS 水声通信系统主要包括信源编码、信道编码和译码三大模块，4 个频道同时工作，接收信号首先经过 4 个带通滤波器，然后分别通过拷贝相关器进行译码。其通信流程如图 2-28 所示。

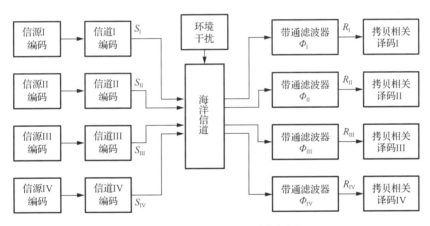

图 2-28　拷贝相关译码系统框图

3）多频道联合时延估计译码

针对浅海 4 频道通信系统，本节提出依据最小均方误差准则对 2 个频道联合估计时延的方法，即频道 I 与频道 II 联合估计时延，频道 III 与频道 IV 联合估计时延，其译码流程如图 2-29 所示。

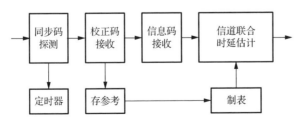

图 2-29　多频道联合译码流程图

接收机在接收开始时先搜索同步信号，在相应的时间窗内接收校正码信号 Pattern 并存储、制表。

图 2-30 给出了多频道联合时延估计译码系统框图。

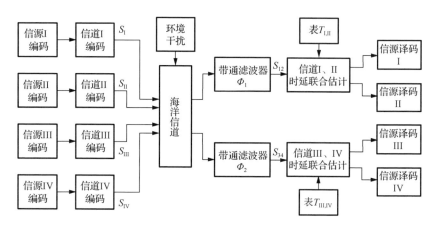

图 2-30　多频道联合时延估计译码系统框图

设每个频道均选取互相准正交的 5 种 Pattern 波形（$L=5$），4 频道联合时延估计译码具体步骤如下。

（1）制表。采用相干重置技术，对存储的校正码波形制表。设频道 I 接收并存储的 5 个校正码 Pattern 分别为 P_{0I1}、P_{0I2}、P_{0I3}、P_{0I4}、P_{0I5}，频道 II 接收并存储的 5 个校正码 Pattern 分别为 P_{0II1}、P_{0II2}、P_{0II3}、P_{0II4}、P_{0II5}。每个 Pattern 携带 $n$bit 信息，设编码量化层为 $\Delta\tau$，则每个 Pattern 脉冲延时取值可为 $0,\Delta\tau,\cdots,(2^n-1)\Delta\tau$。在一个码元时间间隔内，$P_{0I1}$ 与 P_{0II1} 相对应，两者分别时延后叠加对应一个波形，共有 $2^n\times2^n$ 种组合波形，并记录每一个波形对应的两个频道的时延，将它们制表存储（$T_{I,II1}$）。同理，P_{0I2} 与 P_{0II2} 对应制表（$T_{I,II2}$），P_{0I3} 与 P_{0II3} 对应制表（$T_{I,II3}$）……P_{0I5} 与 P_{0II5} 对应制表（$T_{I,II5}$），最终得到频道 I 与频道 II 的波形表 $T_{I,II}$。对于频道 III 与频道 IV 亦照此方法制表（$T_{III,IV}$）。

（2）通过带通滤波器实现频分。带通滤波器 Φ_1 带宽对应于频道 I、II 总的频带，带通滤波器 Φ_2 带宽对应于频道 III、IV 总的频带。接收到的信号通过 Φ_1 后为频道 I 和频道 II 的信号叠加（S_{12}），通过 Φ_2 后为频道 III 和频道 IV 的信号叠加（S_{34}），如图 2-30 所示。

（3）联合时延估计。信息码与校正码之间存在波形相似性，以最小均方误差为准则来联合估计时延。

图 2-31 给出了频道 I、II 的码元叠加示意图，下面给出其数学表达式以作说明：

$$X_{\mathrm{I}} = \begin{cases} P_{0\mathrm{I}}, & t \in [k_1 \cdot \Delta\tau, k_1 \cdot \Delta\tau + T_{\mathrm{p}}) \\ 0, & t \in [0, k_1 \cdot \Delta\tau) \bigcup [k_1 \cdot \Delta\tau + T_{\mathrm{p}}, T] \end{cases} \tag{2-72}$$

$$X_{\mathrm{II}} = \begin{cases} P_{0\mathrm{II}}, & t \in [k_2 \cdot \Delta\tau, k_2 \cdot \Delta\tau + T_{\mathrm{p}}) \\ 0, & t \in [0, k_2 \cdot \Delta\tau) \bigcup [k_2 \cdot \Delta\tau + T_{\mathrm{p}}, T] \end{cases} \tag{2-73}$$

式中，$k_1, k_2 = 0, 1, \cdots, 2^n - 1$。

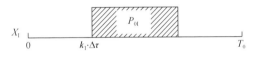

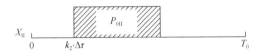

图 2-31　频道 I、II 的码元叠加示意图

频道 I、II 码元叠加 $X_{\mathrm{I,II}} = X_{\mathrm{I}} + X_{\mathrm{II}}$，共对应 $2^n \times 2^n$ 种波形，每种波形对应两个频道的时延（$k_1 \cdot \Delta\tau$ 和 $k_2 \cdot \Delta\tau$），将波形及对应的时延制表（$T_{\mathrm{I,II}}$）。设接收信号波形 S 为 P_{II}、P_{III} 的延时叠加，在表 $T_{\mathrm{I,II}}$ 中按最小均方误差准则搜索最相近波形，即求 $E[(S - X_i)^2]$ 最小值（$X_i \in X_{\mathrm{I,II}}$，$i = 1, 2, \cdots, 2^n \times 2^n$），均方误差最小即最相近波形对应的两个时延差为频道 I、II 的时延差。

2.5.2　PDS 扩频体制抗多途性能分析

海洋声信道不但对目标信号进行能量变换（声传播损失），而且它对声源的发射波形也进行变换，使其发生畸变，因而声信道可以看作对发射波形进行变换的滤波器。若观察或处理时间不是过分长，则声信道可以用时不变的滤波器来描述。

采用射线声学理论，声信号沿不同途径的声线到达接收点，总的接收信号是通过接收点的所有声线所传送信号的干涉叠加。多途信道的冲激响应函数 $h(t)$ 为

$$h(t) = A_0 \delta(t - \tau_0) + \sum_{i=1}^{N-1} A_i \delta(t - \tau_i) \tag{2-74}$$

式中，A_i 为声波沿第 i 条传播途径到达接收点的本征声线的声压幅度；τ_i 为声波

沿第 i 条传播途径到达接收点的本征声线的相对时延；N 为通过接收点对声场有贡献的本征声线的数量。

水声通信质量很大程度上由水声信道的多途特性决定。多途扩展会导致信息载体码元产生码间干扰和码内干扰，统称为多途干扰。码间干扰和码内干扰均可使接收信号发生畸变，在拷贝相关处理时，会使相关输出产生伪峰，致使系统误判峰值，从而导致时延估计出错产生误码。欲实现高质量的水平方向水声通信，必须采取有效措施很好地克服声传播过程中产生的多途扩展干扰。

若多途扩展与直达声的时延差大于码元宽度，则它与相邻码元波形相叠加并产生干涉，称这种干扰为码间干扰。码间干扰给码元区分带来困难。

众所周知，通常的滤波和提高发射功率对抑制多途干扰是不起作用的。克服码间干扰最简单的方法是在各码片之间留有足够长的等待时隙，使码元间的时间间隔大于多途扩展最大时延，即在下一码元到达时前一码元的多途信号已经消失，但该方法会导致通信速率很低。另一种方式是采用某种分割的通信体制，例如频率分割，但该方法通常频带利用率不高。信道均衡（分为盲均衡和非盲均衡）是抑制码间干扰的另一技术，通过对信道冲激响应的估计，消除接收信号中的信道影响，从而消除码间干扰。盲均衡通常运算量大且需要一些先验知识；而非盲均衡则需要发送学习序列，一旦信道过于复杂而没达到学习稳态，则会导致后续的严重错误。

PDS 通信体制本身具有抑制码间干扰的能力。为了抑制声信道多途扩展产生的码间干扰，PDS 扩频体制采用多种不同 Pattern 波形来进行码元分割，利用一组准正交的 Pattern 码作为系统的码元。若 Pattern 码有 L 个，它们相互准正交，每个信息码元占宽 T_0，这样相邻的同一 Pattern 波形出现时间间隔为 $T = T_0 \times L$，此即为最大抗多途时延扩展的能力，可有效地抑制码间干扰。其优点是所占频带较窄，且能稳健地适应水声多途信道通信。另外，相干重置也能起到抑制码间干扰的作用。

与码间干扰相对应，若多途扩展与直达声的时延差小于码元宽度，称这种干扰为码内干扰。

对于码内干扰：若此码元的多途信号叠加到本码元后续波形上，则称之为码内远多途干扰；若多途反射信号与其自身发生干涉叠加，则称之为码内近多途干扰。码内近多途干扰可能造成某个码片的波形发生相消干涉，致使该码片分量波形畸变、能量削弱。

PDS 扩频体制中选取的 Pattern 码中任意两个码元之间的互相关系数都很小，通信系统可以很好地克服码内远多途干扰。借助于校正码，也可以减小码内多途干涉对 PDS 扩频体制的时延差测量精度的影响。

2.6　M 元混沌扩频 PDS 通信

2.6.1　混沌扩频码的产生

本节扩频序列选用混沌序列，其具有类随机性和对初始值极其敏感性，相比于 m 序列和 Gold 序列可以获得更好的抗干扰性和保密性，并可提供更多的具有优良特性的扩频序列，这些特性使其在扩频通信中有着广阔应用前景。混沌扩频通信在无线电扩频通信中的应用已备受关注。

逻辑斯谛（logistic）映射是从 logistic 方程演化而来的，其差分方程为

$$x_{i+1} = \mu x_i (1 - x_i) \tag{2-75}$$

式中，$0 < x_i < 1$，它实际上是一个迭代过程。μ 不同则 logistic 映射呈现不同的特性。当取 $\mu = 4$ 时，称为改进型 logistic 映射，工作于混沌状态，且 x_i 的概率分布关于 $x = 0.5$ 偶对称。改进型 logistic 映射迭代产生的混沌序列的统计特性与白噪声一致，适用于扩频序列。

给定一个初值 x_0，则可由式（2-75）产生实值序列 $\{x_i\}$，并由下式得到均值为 0 的混沌序列 $\{a_i\}$：

$$a_i = x_i - 0.5 \tag{2-76}$$

式中，$a_i \in [-0.5, 0.5]$。

给定不同初值，设得到由 N 个码片构成的混沌序列 S 个，记为 $a_1(k), a_2(k), \cdots,$ $a_s(k)$，则对应得到 S 个扩频码型，记为 $c_1(t), c_2(t), \cdots, c_s(t)$。本章直接应用混沌扩频序列对扩频码的码片频率进行调制，而不必对混沌序列进行量化处理，减少了对混沌序列类随机性的破坏。

下面给出扩频码型 $c_i(t)$ 的瞬时频率表达式：

$$f_i(t) = f_0 + B \sum_{j=1}^{N} a_i(k) \{ u[t - j\tau] - u[t - (j-1)\tau] \}, \quad i = 1, 2, \cdots, S \tag{2-77}$$

式中，混沌序列 $a_i(k)$ 的每个码片脉宽为 τ，则扩频码元宽度为 $N\tau$；f_0 为中心频率；B 为系统带宽；$u(t)$ 为单位阶跃函数。

对于第 i 个扩频码型 $c_i(t)$ 的第 j 个码片，其中心频率为 $f_{i,j} = f_0 + Ba_i(j)$，波形可表示为

$$\text{chip}_{i,j}(t) = \cos(2\pi f_{i,j} t + \phi_{i,j}), \quad j = 1, 2, \cdots, N \tag{2-78}$$

式中，$\phi_{i,j}$ 为该码片的初始相位。为保证相位连续性以减小频谱扩展，应进行相位

平滑处理，使初始相位 $\phi_{i,j}$ 满足下式：

$$\begin{cases} \phi_{i,j} = 2\pi f_{i,j-1}\tau + \phi_{i,j-1}, & j = 2,3,\cdots,N \\ \phi_{i,1} = 0 \end{cases} \tag{2-79}$$

即保持当前码片的初始相位与前一码片的截止时刻相位相同。N 个码片首尾相连构成扩频码型。

图 2-32 给出了某混沌扩频码元的频谱。该扩频码由 128 阶的混沌调频序列生成，脉宽为 128ms，中心频率为 7.5kHz，带宽为 3kHz。其中，图 2-32（a）为没

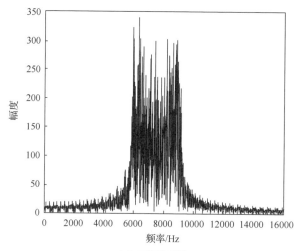

（a）无相位平滑

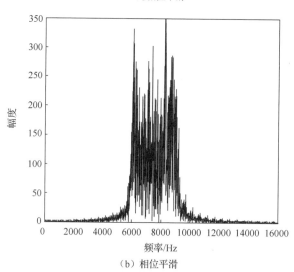

（b）相位平滑

图 2-32　混沌扩频码元频谱图

有经过相位平滑处理的频谱，图 2-32（b）为经过相位平滑处理后的频谱。对比两图可以看出，经过相位平滑处理的混沌扩频码元频谱集中在有效带宽内，带外频谱扩展小。

图 2-33（a）给出了该混沌扩频码元的自相关输出波形，图 2-33（b）为它与另外某个混沌扩频码元的互相关输出波形。可以看出，混沌扩频码具有优良的相关特性。

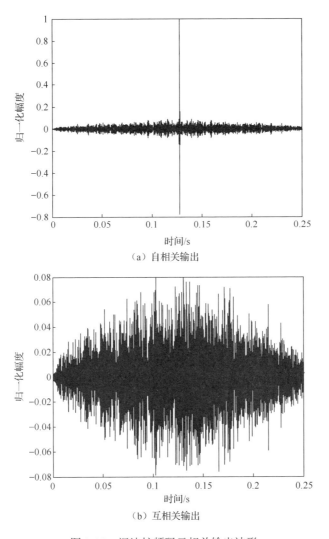

（a）自相关输出

（b）互相关输出

图 2-33 混沌扩频码元相关输出波形

2.6.2　分组 M 元扩频 PDS 通信

由于带宽受限，常规扩频序列脉宽通常较大，然而码元宽度加大将会大大降低 PDS 通信体制的通信速率。为提高通信速率，本书作者提出了多进制（M 元扩频通信）、多通道扩频通信方案，即将分组 M 元扩频通信与 PDS 通信体制相结合。

1.　M 元扩频 PDS 通信原理

数据传输能力是指在某一给定通信方式情况下，单位时间能传送的信息数据（bit），也就是信息数据速率 R_d。不同调制方式的不同调制状态数有不同的信息数据传输能力，如二进制相移键控（binary phase shift keying, BPSK）、正交相移键控（quadrature phase shift keying, QPSK）、多进制相移键控（multiple phase shift keying, MPSK）等。多进制扩频每次发射一个扩频码，但是是在 M 个扩频码中选择的，因此每个扩频码携带信息量为 $\log_2 M$。如果信息数据脉宽为 T_p，则信息数据传输能力为

$$R_d = \log_2 M / T_p \tag{2-80}$$

为进一步提高扩频通信速率，将 M 元扩频通信与 PDS 通信体制相结合[8]。图 2-34 给出了 M 元扩频 Pattern 时延差编码（M-ary SS-PDS）通信原理图。

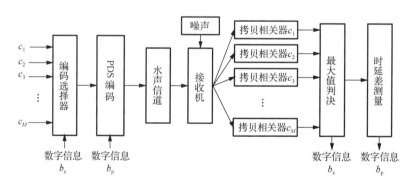

图 2-34　M 元扩频 Pattern 时延差编码通信原理图

混沌扩频码 $c_1, c_2, \cdots, c_M$ 具有优良的自相关和互相关特性，记为一个扩频码组 C。发送的信息码通过编码选择器，依据传送的信息从这 M 个扩频码中选择一个作为 Pattern 码型，这样该扩频码携带上的信息量为 $\log_2 M$，记为 b_c。以该扩频码作为 Pattern 码型进行 PDS 编码，即完成第二次数字信息编码，记为 b_p。接收到的信息码经过 M 个拷贝相关器，通过检测相关峰最大值判决出码的类型，译出

该码型对应的数字信息 b_c，并测量此扩频码对应的时延差，完成 PDS 译码，得到数字信息 b_p。

2. 分组 M 元混沌扩频 PDS 通信原理

为了进一步提高通信速率，可采用多扩频码组对应多个通信信道同时工作，这样成倍提高通信速率。前面讲述的分组扩频等价于多通道同时工作，多通道通信等价于多址通信。

扩频多址是以扩频技术为基础的一类多址方式，它通过同频带内的不同码型来实现不同用户间的信息传输。当多用户通信时，多址技术可以让更多的用户共享给定的有限频谱资源；当只考虑收发两个节点间通信时，即单用户通信，多址技术可用于成倍提高单用户通信速率。另外，多址通信也是实现全双工水声通信工作方式的一种途径。

分组扩频（多通道）通信是将所有选取的具有优良的自相关和互相关特性的扩频码分为 K 组，记为 $C_1,C_2,\cdots,C_K$，每组对应于一路通信信道，这样可实现 K 路通信信道同时工作，通信速率相当于单信道的 K 倍。图 2-35 给出了分组 M 元混沌扩频 PDS 通信原理图。

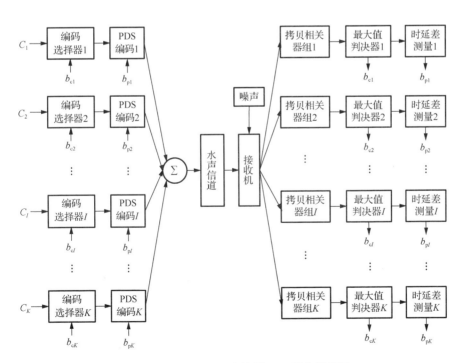

图 2-35　分组 M 元混沌扩频 PDS 通信原理图

图 2-35 中 b_{cI} ($I=1,2,\cdots,K$)表示第 I 路通信信道 M 元扩频编码携带的信息，b_{pI} 表示第 I 路通信信道 PDS 所携带的信息。在接收端，每个通信信道对应于一组拷贝相关器，通过检测判决扩频码和测量时延差，分别译出数字信息 b_{cI} 和 b_{pI}。

M 元扩频、K 通道通信共使用 KM 个扩频码，接收端需 KM 个拷贝相关器，在通信速率提高的同时，接收端的计算量及存储空间均相应增加，使用多片 DSP 后可实现实时通信译码。

分组 M 元混沌扩频 PDS 通信方案既具有扩频通信的抗干扰、抗多途、保密性强和易于实现码分多址等优点，又通过与 PDS 扩频体制结合，克服了水声扩频通信速率很低的致命缺点，适用于远程水声通信。

3. 通信速率分析

下面通过设定系统参数来讨论系统通信速率。本系统选用 128 阶的混沌调频序列生成扩频码，中心频率为 7.5kHz，带宽为 3kHz。设扩频码脉宽 T_p =128ms，PDS 编码时间 T_c =32ms，编码量化间隔 $\Delta\tau$ =1ms，则 PDS 编码携带信息 $n=\log_2(T_c/\Delta\tau)$ =5bit。若采用 BPSK 编码扩频通信，则扩频通信速率约为 $1/T_p \approx$ 8bit/s；若按本节方案，每个扩频码被增加 32ms 的 PDS 编码时间，则每个信息码元的脉宽 T_0 =160ms，每个信息码元携带信息量增加 5bit，此时扩频 PDS 的通信速率为 $(1+5)/T_0 \approx$ 38bit/s，通信速率提高约 3.5 倍。若系统采用 8 进制（M=8）扩频编码方式，则可进一步提高通信速率，为 $(3+5)/T_0$ =50bit/s。

给定 Pattern 码脉宽及编码量化间隔后，可以确定最佳 PDS 编码比特数 n，以使扩频 PDS 通信系统通信速率最高。随着扩频码脉宽增大，与 PDS 编码体制结合后通信速率提高的倍数更加明显。例如设扩频码脉宽为 256ms，则扩频通信速率约为 4bit/s，此时最佳 PDS 编码比特数 n 为 6，即每个扩频码需要增加 64ms 的 PDS 编码时间，每个信息码元的脉宽 T_0 =320ms，此时扩频 PDS 的通信速率为 $(1+6)/T_0 \approx$ 22bit/s，提高了 5.5 倍。尤其当系统带宽较小、扩频码脉宽为秒量级时，增加几十毫秒的 PDS 编码时间则可增加几比特信息，在提高通信速率方面是非常显著的。若采用多通道同时工作，可进一步成倍提高通信速率。

另外，扩频 PDS 通信的码元占空比小于 1，可节省系统功耗，这对追求低功耗的水声通信节点来说是有益的。

2.7　基于广义正弦调频的 M 元扩频通信探测一体化

2.7.1　广义正弦调频信号

广义正弦调频（generalized sinusoidal frequency-modulated, GSFM）信号是一种新型主动声呐脉冲信号，通过对正弦调频信号的瞬时频率函数进行约束和调整得到。GSFM 波形在时域上的数学描述为

$$g(t) = \frac{\text{rect}(t)}{\sqrt{T}} e^{j\varphi_{\text{GSFM}}(t)} e^{j2\pi f_c t} \tag{2-81}$$

式中，T 表示波形的脉宽；f_c 表示中心频率；$\varphi_{\text{GSFM}}(t)$ 为相位调制函数，表示为

$$\varphi_{\text{GSFM}}(t) = \frac{\beta}{t^{(\rho-1)}} \sin\left(\frac{2\pi\alpha t^{\rho}}{\rho}\right) \tag{2-82}$$

其中，$\beta = B/2\alpha$，B 表示波形占用带宽，α 是频率调制项，决定了 GSFM 波形瞬时频率函数的周期数 C，具体为

$$C = \frac{\alpha T^{\rho}}{\rho} \tag{2-83}$$

ρ 是控制 GSFM 波形瞬时频率函数形状的无量纲参数，其通常大于或等于 1。当 ρ 等于 1 时 GSFM 波形退化为正弦调频波形。GSFM 波形的瞬时频率函数也同样由参数 α 和 ρ 控制，表示为

$$f_{\text{GSFM}}(t) = \beta\alpha\left[\cos\left(\frac{2\pi\alpha t^{\rho}}{\rho}\right) - \left(\frac{\rho-1}{\rho}\right)\sin c\left(\frac{2\pi\alpha t^{\rho}}{\rho}\right)\right] \tag{2-84}$$

当 $\rho = 2$ 时，GSFM 波形的瞬时频率函数与线性调频（linear frequency-modulated, LFM）信号的时域特性类似，使得原本正弦调频波形瞬时频率函数中严格的周期性并没有在 GSFM 波形中体现，从而降低了自相关函数的旁瓣。

通过改变参数 α 或 ρ 使得 GSFM 波形的瞬时相位函数和瞬时频率函数发生变化，同时具有良好的自相关特性和互相关特性。图 2-36（a）给出了 GSFM 波形的自相关函数，最大旁瓣约为-15dB，具有较高的主旁瓣比；图 2-36（b）给出了其与改变参数后波形之间的互相关函数，输出峰值约为-20dB，由此可以看出，GSFM 信号具有优良的相关特性。

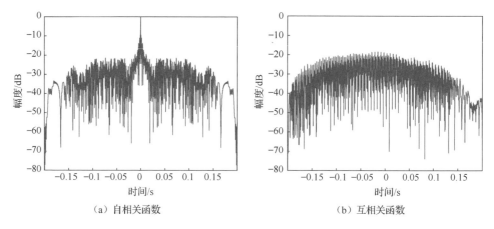

（a）自相关函数   （b）互相关函数

图 2-36   GSFM 波形的相关特性

为进一步研究 GSFM 波形的正交性，图 2-37 给出了具有不同参数 α 和 ρ 对应的 GSFM 波形之间的归一化互相关系数，其中波形脉宽固定为 $T = 0.2\text{s}$，频带为 3～5kH。从图 2-37（a）可以发现，当固定 $\rho=2$，改变参数 α（从 150 到 350，步长为 20）得到 11 个 GSFM 波形，不同波形之间具有较小的互相关系数。而在图 2-37（b）中，固定 $\alpha=160$，改变参数 ρ（从 1 到 3，步长为 0.2）得到 11 个 GSFM 波形，同样地，不同波形之间的互相关性较弱。此外，当 $\rho=1$ 时，GSFM 退化为 SFM（正弦调频），此时与其他 GSFM 波形之间的互相关系数最小。

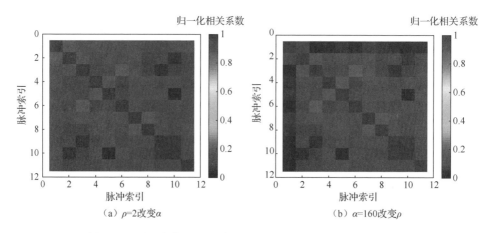

（a）$\rho=2$改变α （b）$\alpha=160$改变ρ

图 2-37   不同参数 GSFM 波形之间的相关系数（彩图附书后）

除此之外，当参数 α 或 ρ 固定不变，对应于不同形式瞬时频率函数的 GSFM

波形之间同样具有较低的互相关水平,图 2-38 给出 GSFM 波形对应的六种瞬时频率函数,其他五种可以由第一种经过变换得到。

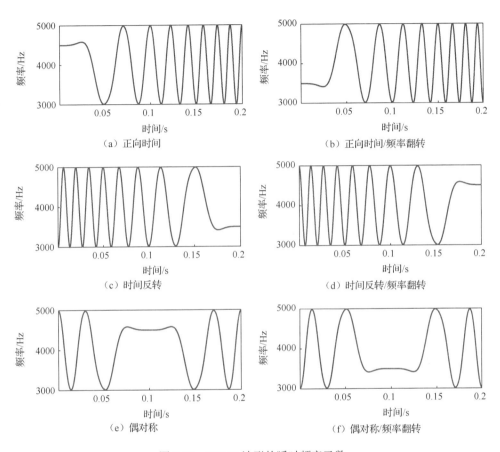

图 2-38　GSFM 波形的瞬时频率函数

在探测通信一体化系统中,发射波形的形式不但决定了信号处理方法,而且直接影响系统的分辨率特性、测量精度和干扰抑制能力。对于主动声呐回波信号处理方案,匹配滤波器是最常采用的处理方法。然而,当原信号出现时延或频移时,匹配滤波器的性能可能会下降。信号的模糊函数是关于时延和多普勒效应的二维相关函数,不同于单独的时域分析或频域分析,模糊函数能够体现信号在速度维与距离维的分辨能力,反映了信号在受到传播时延和多普勒效应影响下的匹配滤波输出。宽带模糊函数可以表示为

$$\chi(\tau,\eta)=\sqrt{\eta}\int s(t)s^{*}[\eta(t+\tau)]\mathrm{d}t \tag{2-85}$$

式中，η 为多普勒尺度因子，表示为

$$\eta = \frac{1 + v/c}{1 - v/c} \tag{2-86}$$

其中，v 表示目标与平台的相对速度，c 表示水中的声速。

根据模糊函数的定义计算 GSFM 波形的模糊函数，其可以近似为

$$\begin{aligned}
\chi_{\mathrm{GSFM}}(\tau, \eta) \cong &\frac{\sqrt{\eta}(T - |\tau|)}{T} \\
&\times \left| \sum_{n=-\infty}^{\infty} \mathcal{J}_n^{1:\infty} \left\{ \Delta f T a_m \sin\left(\frac{\pi m \eta \tau}{T}\right); \Delta f T b_m \sin\left(\frac{\pi m \eta \tau}{T}\right) \right\} \right. \\
&\left. \times \operatorname{sinc}\left\{ \pi \left[(\eta - 1)\left(f_c + \Delta f a_0 / 4 \right) - \frac{(1 + \eta)n}{2T} \right](T - |\tau|) \right\} \right|
\end{aligned} \tag{2-87}$$

式中，$\mathcal{J}_n^{1:\infty}\{\cdot\}$ 是第 n 阶混合型有限维广义贝塞尔函数；a_m 和 b_m 是相位函数 $\varphi(t)$ 的傅里叶系数。图 2-39 所示为 GSFM 信号的模糊函数，可以看出，它的模糊函数近似呈"图钉"型，具有较高的距离和速度分辨率。

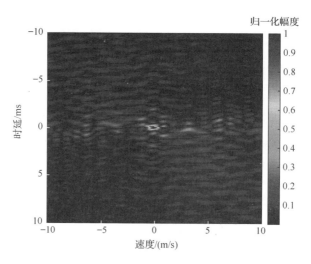

图 2-39　GSFM 信号的模糊函数（彩图附书后）

2.7.2　M 元扩频通信探测一体化

连续主动声呐（continuous active sonar，CAS）系统工作时连续发射声波并接收目标回波，可实现高目标刷新率的跟踪探测。此外，CAS 可通过长持续时间的

回波获取更高的时间累积增益。图 2-40 所示为 CAS 系统的发射信号帧结构示意图，其发射波形由多个连续脉冲组成，表示为

$$s(t) = \frac{1}{\sqrt{N \cdot T_{\mathrm{PRI}}}} \sum_{n=0}^{N-1} s_n (t - n T_{\mathrm{PRI}}) \qquad (2\text{-}88)$$

式中，N 表示脉冲个数；T_{PRI} 表示脉冲重复周期，在 CAS 系统中其为单个脉冲的脉宽，使用 $1 / \sqrt{N \cdot T_{\mathrm{PRI}}}$ 项将发射波形进行能量归一化；$s_n(t)$ 表示第 n 个子脉冲，CAS 系统要求 N 个子脉冲具有较好的探测性能，同时它们之间尽可能满足正交关系。根据 2.7.1 节的分析可知，GSFM 波形通过调整参数和瞬时频率函数可以产生大量彼此近似正交且占据同一频带的波形，故本节选用 GSFM 波形作为 CAS 系统发射波形的子脉冲，通过 M 元扩频技术将通信信息嵌入到发射波形，实现水下探测与通信的同时进行。

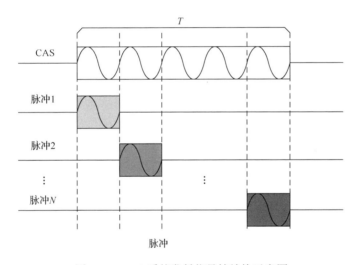

图 2-40　CAS 系统发射信号帧结构示意图

图 2-41 所示为基于自适应 M 元扩频调制的信息嵌入方案，该方案需要两个脉冲波形集。发送二进制序列首先进行串并转换得到十进制数据流 $a[n]$，利用得到的 N 个十进制数依次从波形集 1 中选出所需波形，对于第 n 个符号，定义 M 元扩频矩阵为

$$\boldsymbol{P}_M^{(n)} = \begin{bmatrix} g_1(t) & g_2(t) & \cdots & g_M(t) \end{bmatrix} \qquad (2\text{-}89)$$

则输出信号为

$$s^{(n)}(t) = \boldsymbol{P}_M^{(n)} \boldsymbol{K}^{a[n]} \boldsymbol{\alpha} \qquad (2\text{-}90)$$

完成该符号的调制后，将波形集 2 中的某个波形取出送至波形集 1，用其替换波

形集 1 中的第$(a[n]+1)$个波形。因此，完成 N 次 M 元扩频编码所使用的波形都是不同的，所需 GSFM 波形数量共为 $M+N-1$。

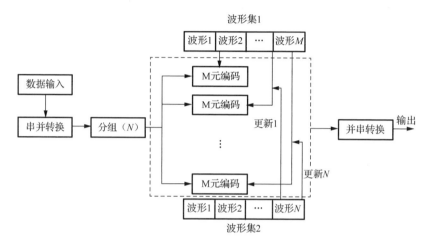

图 2-41　基于自适应 M 元扩频调制的信息嵌入方案

上述基于自适应 M 元扩频的通信探测一体化技术方案仅对 CAS 系统的发射波形进行特定位置、顺序约束来实现通信数据传输，并没有对发射脉冲的时频结构进行改变，因此可以保证 CAS 系统的目标探测性能不受损失。图 2-42 对比了本节介绍的通信探测一体化系统与使用线性调频信号的 CAS 系统在不同信噪比和虚警概率下的目标检测概率。由于一体化系统采用占用全频带的 GSFM 信号，具有更高的处理增益，因此在低信噪比时可以实现相对更高的目标检测概率。

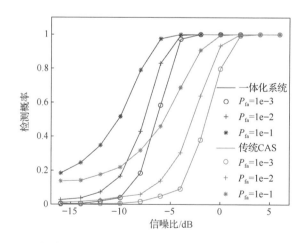

图 2-42　不同信噪比和虚警概率下的目标检测概率（彩图附书后）

参 考 文 献

[1] Yang T C, Yang W B. Performance analysis of direct-sequence spread-spectrum underwater acoustic communications with low signal-to-noise-ratio input signals[J]. Journal of the Acoustical Society of America, 2008, 123(2): 842-855.

[2] Yang T C, Yang W B. Low probability of detection underwater acoustic communications using direct-sequence spread spectrum[J]. Journal of the Acoustical Society of America, 2008, 124(6): 3632-3647.

[3] Freitag L, Stojanovic M. MMSE acquisition of DSSS acoustic communications signals[C]. OCEANS, 2004: 14-19.

[4] 殷敬伟, 杜鹏宇, 张晓, 等. 基于单矢量差分能量检测器的扩频水声通信[J]. 物理学报, 2016, 65(4): 166-173.

[5] 杜鹏宇, 殷敬伟, 周焕玲, 等. 基于时反镜能量检测法的循环移位扩频水声通信[J]. 物理学报, 2016, 65(1): 221-228.

[6] 于洋, 周锋, 乔钢, 等. 正交 M 元码元移位键控扩频水声通信[J]. 声学学报, 2014, 39(1): 42-48.

[7] 殷敬伟, 王蕾, 张晓. 并行组合扩频技术在水声通信中的应用[J]. 哈尔滨工程大学学报, 2010, 31(7): 958-962.

[8] 殷敬伟, 惠俊英, 王逸林, 等. M 元混沌扩频多通道 Pattern 时延差编码水声通信[J]. 物理学报, 2007, 56(10): 5915-5921.

第 3 章　移动水声扩频通信技术

本章将讨论移动水声扩频通信技术。由于平台移动条件下会引起载波相位快速跳变，导致第 2 章研究的差分相关检测器和差分能量检测器的性能严重下降，因此本章将重点讨论移动水声扩频通信相关技术以及水声扩频通信系统接收算法的改进。

3.1　移动水声信道

远程水声通信或高质量水声通信选择水声扩频通信的根本原因在于利用其较高的扩频处理增益将弱信号从强背景噪声干扰中分离出来[1]，若水声扩频通信系统接收端对接收信号的解扩处理得不到扩频增益，则后续的信号处理工作将变得毫无意义，那么在实际应用中我们自然要关心哪些因素会降低扩频处理增益。移动水声信道将对水声扩频通信系统产生严重干扰，本节针对移动水声信道对水声扩频通信系统的干扰进行分析说明。

3.1.1　时变多途扩展干扰

图 3-1 给出了实际海试中收发双方存在约 1m/s 相对运动时的实测移动水声信道。从图 3-1（a）可以看到水声信道在 50s 的观测时间里发生了明显的变化。图 3-1（b）为实测移动水声信道的相关特性曲线，可以看到在移动条件下水声信道的时间相关性明显下降。

水声信道的时变特性将使得多途干扰变得更加复杂，而水声通信系统对时变多途扩展干扰的抑制和抵消也会变得困难。因此在设计水声扩频通信系统时，要么使该系统对时变多途扩展干扰不敏感，要么就要使该系统对时变多途扩展干扰具有实时跟踪和抑制的能力。另外，图 3-1（b）的结果表明，利用通信信号前面的探测信号估计得到的水声信道进行时间反转镜处理的方式在移动条件下是不可行的。时变信道条件下的时间反转镜处理必须实时跟踪/更新信道，直扩信号特有的结构可以有效地跟踪估计信道，关于时间反转镜在水声直扩系统中的应用将在后面进行讨论。

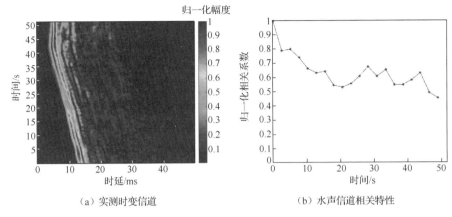

（a）实测时变信道　　　　　　　　（b）水声信道相关特性

图 3-1　实测移动水声信道（彩图附书后）

采用图 3-1 中所用的实际海试接收数据，图 3-2 给出了相邻扩频符号持续时间内（0～0.25s）的水声信道相关特性实测结果。

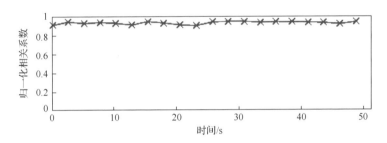

图 3-2　相邻扩频符号持续时间内水声信道相关特性

该结果表明虽然水声信道在通信持续时间内（0～50s）发生明显时变，但在相邻两个扩频符号持续时间内（0～0.25s）甚至是相邻四个扩频符号持续时间内（0～1s）均具有较高的相关性（相关系数大于 0.7）。因此，若 h_n 为第 n 个扩频符号持续时间内测得的信道，可认为 $h_n \approx h_{n+1} \approx h_{n+2}$。由此，在时变水声信道条件下，差分能量检测器和差分相关检测器的应用不受时变信道的影响。接下来将要给出的直扩系统改进接收机算法也同样基于这一思想，即将移动水声信道在 2 个扩频符号持续时间内看作时不变信道。

3.1.2　多普勒效应时域压缩扩展干扰

图 3-3 给出了收发双方存在相对运动时，通信系统发送信号首末端接收示意图。

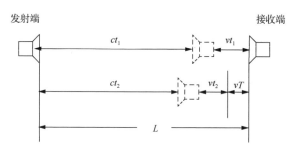

图 3-3　移动通信接收信号示意图

多普勒效应是由收发双方的相对运动产生的，对信号的直接影响体现在接收信号时域波形的压缩或扩展方面。由图 3-3 可知：

$$\begin{cases} L = vt_1 + ct_1 \\ L = vt_2 + ct_2 + vT \end{cases} \tag{3-1}$$

式中，L 为通信起始时刻收发双方的距离；t_1、t_2 分别为发送信号首末两端到达接收端所用的时间；T 为发送信号的持续时间；v 为相对运动速度；c 为水中声速。因此，发送信号首末端到达接收端所用的时间差为（当不存在相对运动时，该时间差为 0）

$$t_1 - t_2 = \frac{v}{c+v} T \tag{3-2}$$

则接收信号的时间宽度为

$$\begin{aligned} T' &= T - \left(t_1 - t_2 \right) \\ &= \frac{c}{c+v} T \\ &= \alpha T \end{aligned} \tag{3-3}$$

由尺度变换准则可知接收信号为

$$\begin{aligned} s(t) &= m\left(\frac{1}{\alpha} t \right) \cos\left(2\pi f_c \frac{1}{\alpha} t \right) \\ &= m\left[(1+\delta)t \right] \cos\left(2\pi f_c t + 2\pi \delta f_c t \right) \\ &= m\left[(1+\delta)t \right] \cos\left[2\pi f_c t + \varphi(t) \right] \end{aligned} \tag{3-4}$$

式中，$m(t)$ 为发送信号包络；f_c 为载波中心频率；$\varphi(t) \equiv 2\pi \delta f_c t$ 为多普勒效应导致的载波相位跳变；$\delta = v/c$ 定义为多普勒系数。从式（3-4）可以看出，多普勒效应对水声扩频信号带来的影响主要体现在两个方面：①扩频序列在时域上被压缩或扩展；②产生了快速的载波相位跳变。多普勒效应引起的快速载波相位跳变将在 3.1.3 小节统一讨论，本节将集中讨论多普勒效应引起的扩频序列在时域上的压缩或扩展带来的影响。

由于多普勒效应引起的扩频序列在时域上的最大压缩或扩展发生在末端，此处产生的时间偏差为 $\Delta t = vT/c$。若信号带宽为 B，扩频序列在时域上的变化保持在 $(1/B)$s 内，那么多普勒效应产生的时域压缩或扩展影响便可忽略不计，即

$$\frac{vT}{c} \ll \frac{1}{B} \quad 或 \quad BT \ll \frac{c}{v} \tag{3-5}$$

很显然，水声扩频信号很难满足式（3-5）给出的条件。一方面对于宽带通信信号而言，其时间带宽积是很大的；另一方面，也是最重要的一点，水中声速只有 1500m/s，远远小于光速（3×10^8 m/s）。因此，水声扩频通信系统一定会受到多普勒时域压缩或扩展的影响。事实上，即使是第 2 章讨论的定点水声扩频通信系统同样也会受到多普勒效应的这种影响，这是由于海面起伏等原因，收发双方或多或少存在相对运动，因此水声扩频通信系统必然会受到一定程度的多普勒压缩扩展干扰。

多普勒压缩扩展干扰可以分为两类：小多普勒压缩扩展干扰和大多普勒压缩扩展干扰。小多普勒压缩扩展是指以扩频符号持续时间为单位的信号在时域上的压缩扩展量、对扩频序列间的匹配影响不大。此时多普勒压缩扩展干扰主要体现在累积效应上。图 3-4 给出了多普勒累积效应示意图，可以看到每个扩频符号都存在时域上的扩展小量 δT。由于接收扩频信号是以扩频符号持续时间为单位进行处理的，每截取处理一个扩频符号持续时间内的信号便会将该周期内信号的小多普勒压缩扩展干扰累积到下一个扩频符号持续时间内的信号中，即小多普勒压缩扩展干扰会随着时间发生累积，最终严重干扰扩频系统解码。

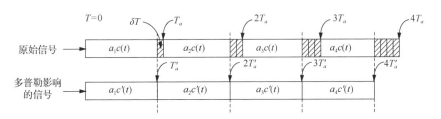

图 3-4　多普勒累积效应示意图

大多普勒压缩扩展是指以扩频符号持续时间为单位的信号在时域上的压缩扩展，这将严重影响扩频序列间的匹配结果，直接导致扩频系统的扩频处理增益显著下降。图 3-5 通过仿真给出了大多普勒条件下扩频序列的匹配输出结果，可以

看到大多普勒压缩扩展干扰使得扩频序列间的匹配增益（即扩频增益）下降明显，此时扩频通信系统的性能将受到影响。

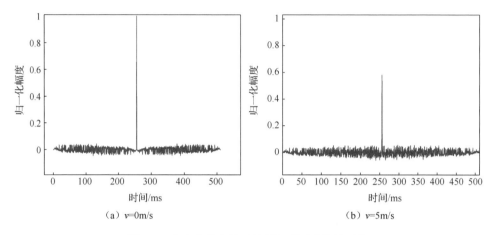

（a）$v=0\text{m/s}$　　　　　　　　　　（b）$v=5\text{m/s}$

图 3-5　大多普勒条件下扩频序列匹配结果对比

虽然多普勒效应是由相对运动产生的，但大多普勒压缩扩展干扰却不仅与相对运动速度有关，还与选用的扩频序列长度有关。图 3-6 给出了相同带宽条件下不同扩频序列的匹配归一化输出结果。可以看到，随着相对运动速度增大，扩频序列越长，其匹配输出增益下降越快。

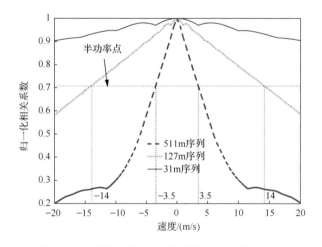

图 3-6　多普勒条件下不同扩频序列匹配输出结果

对于大多普勒压缩扩展干扰，接收端必须进行相应的多普勒估计/补偿处理，将大多普勒压缩扩展干扰变为小多普勒压缩扩展干扰；对于小多普勒压缩扩展干扰，接收端在以扩频符号持续时间为单位进行处理时，要进行码位同步处理或滑动搜索处理来消除多普勒累积效应。

3.1.3 快速载波相位跳变干扰

载波相位跳变干扰是水声扩频通信在实际应用中面临的核心问题，载波相位跳变干扰主要来自复杂海洋环境和多普勒效应。与多普勒压缩扩展干扰一样，载波相位跳变干扰也分为缓慢载波相位跳变干扰和快速载波相位跳变干扰。缓慢载波相位跳变干扰认为载波相位跳变在各个扩频符号持续时间内保持稳定，第 2 章讨论的几种扩频接收机算法已经有效解决了缓慢载波相位跳变干扰问题。

快速载波相位跳变干扰主要来自于多普勒效应，此时在接收的扩频基带信号内残留的快速载波相位跳变将影响扩频系统处理增益。图 3-7 给出了不同多普勒条件下快速载波相位跳变干扰和多普勒压缩扩展干扰对扩频通信系统影响的对比结果。仿真中分别对单个扩频符号持续时间的直扩通带信号加入快速载波相位跳变干扰和多普勒压缩扩展干扰 [加入的两种干扰均参照式（3-4）计算得出]，通过计算与本地参考扩频序列的相关系数来观测两种干扰对水声扩频通信系统的影响。从图中可以看到：①相同多普勒条件下快速载波相位跳变干扰对水声扩频通

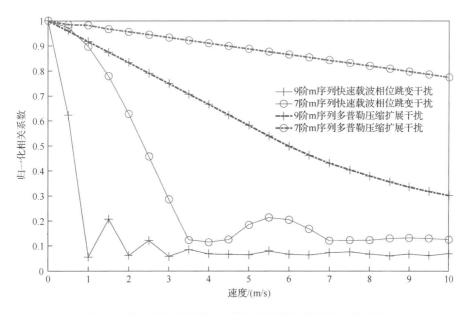

图 3-7 快速载波相位跳变干扰与多普勒压缩扩展干扰对比

信系统的影响要比多普勒压缩扩展干扰严重得多；②多普勒效应导致的载波相位跳变的快慢程度也是相对量，由于 7 阶 m 序列在相同条件下的扩频符号持续时间小于 9 阶 m 序列，因此 7 阶 m 序列内的相对载波相位跳变要显得更"慢"；③在移动水声扩频通信中，无论从克服快速载波相位跳变干扰的角度还是从克服多普勒效应带来的信号压缩扩展的角度来看，都不宜选择过长的扩频序列作为扩频码。多普勒带来的快速载波相位跳变干扰可以在对信号进行多普勒补偿时得到有效抑制（变成缓慢载波相位跳变干扰），因此水声扩频接收信号的多普勒估计补偿在移动水声扩频通信中显得尤为重要。

为了更好地抑制载波相位跳变对扩频系统的影响，这里将对扩频系统中的缓慢载波相位跳变干扰进行重新假设：若载波相位跳变是以时间为自变量的函数 $\varphi(t)$，则 $\varphi(t)$ 至少 2 阶可微。由于 $\varphi(t)$ 可微，因此 $\varphi(t)$ 处处连续，有

$$\varphi(t) = \lim_{\Delta t \to 0} \varphi(t + \Delta t) \tag{3-6}$$

由于扩频系统中的扩频序列码片持续时间 T_c 很短，由式（3-6）可得

$$\varphi(t) \approx \varphi(t + T_c) \tag{3-7}$$

离散化处理后有

$$\varphi[n] \approx \varphi[n+1] \tag{3-8}$$

即扩频序列相邻码片间的载波相位跳变近似相等。由于 $\varphi(t)$ 2 阶可微，因此有

$$\frac{\varphi(t) - \varphi(t - \Delta t)}{\Delta t} = \frac{\varphi(t + \Delta t) - \varphi(t)}{\Delta t}, \quad \Delta t \to 0 \tag{3-9}$$

这里将邻域半径 Δt 扩大到 NT_c（N 为扩频因子，NT_c 仍认为是小量），由式（3-9）可得

$$\varphi(t) - \varphi(t - NT_c) \approx \varphi(t + NT_c) - \varphi(t) \tag{3-10}$$

离散化处理后有

$$\varphi_n[m] - \varphi_{n-1}[m] \approx \varphi_{n+1}[m] - \varphi_n[m] \tag{3-11}$$

式中，$\varphi_n[m]$ 表示第 n 个扩频符号持续时间内的载波相位跳变函数。事实上，由于载波相位跳变主要由多普勒效应产生，由式（3-4）可知多普勒效应带来的载波相位跳变呈线性变化规律，因此式（3-11）的假设是合理的。至此，本节共对扩频系统中的载波相位跳变进行了三种假设：当载波相位跳变缓慢变化时，可认为载波相位跳变至少在两个扩频符号持续时间保持稳定；当存在多普勒效应时，可认为载波相位跳变呈线性变化；假设载波相位跳变是连续变化的，因此在 T_c 时间内认为载波相位跳变保持稳定。可以看到，三种假设是递进的关系，对载波相位跳变的假设由严格到宽松。接下来将分别针对三种载波相位跳变假设提出相应的

直扩系统接收机算法，显然，直扩系统接收机采用的载波相位跳变假设越宽松，其在抗载波相位跳变上的性能越好。

3.2　直扩水声通信中的多普勒估计

在实际应用中，通常利用在通信信号首尾插入 LFM 信号，估计两 LFM 信号相对位置的变化来完成多普勒估计。这种方法简单易行，但所估计得到的多普勒系数为两个 LFM 信号间的多普勒平均值，若发射通信信号时间过长且在此期间内相对运动速度发生明显变化，利用 LFM 信号估计得到的平均多普勒系数进行多普勒补偿将得不到理想的效果。因此，本节针对直扩系统提出基于扩频序列的多普勒估计方法。

3.2.1　基于扩频序列的多普勒估计方法

基于扩频序列的多普勒估计方法可实时跟踪/估计多普勒系数，配合重采样多普勒补偿算法可有效抑制多普勒压缩扩展对水声扩频通信系统的影响。

本节针对直扩系统提出的多普勒估计原理如图 3-8 所示。对相邻两个扩频符号持续时间信号做相关运算并进行能量检测，通过检测输出能量最大值位置即可完成多普勒估计。估计的结果作为两个扩频符号持续时间内的平均多普勒系数，之后分别对两个扩频符号进行重采样，完成多普勒补偿。

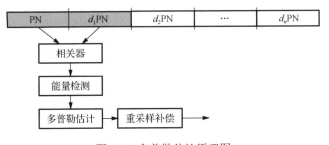

图 3-8　多普勒估计原理图

下面通过公式来对该方法进行进一步说明。

当不存在多普勒干扰时，接收直扩信号的两个相邻扩频符号的时域波形 $s_n(t)$ 和 $s_{n+1}(t)$ 有（暂不考虑水声信道及噪声）

$$\begin{cases} s_n(t) = d_n c(t) \\ s_{n+1}(t) = d_{n+1} c(t) \end{cases}, \quad t \in [0, T] \qquad (3\text{-}12)$$

式中，$c(t)$ 为扩频序列的时域波形；d_n 为信息序列，取 ± 1；T 为扩频符号持续时间。则相关器的输出能量结果为

$$
\begin{aligned}
R(\tau) &= \left| (d_n d_{n+1})^2 \int_{-\infty}^{+\infty} s_n(t+\tau) s_{n+1}^*(t)\mathrm{d}t \right|^2 \\
&= \left| \int_{-\infty}^{+\infty} c(t+\tau) c^*(t)\mathrm{d}t \right|^2 \\
&= \rho^2(\tau)
\end{aligned}
\tag{3-13}
$$

式中，$\rho(\tau)$ 为扩频序列的自相关函数。由扩频序列的性质可知，当且仅当 $\tau = 0$ 时输出结果出现最大值。

当存在多普勒干扰时，接收直扩信号的两个相邻扩频符号的时域波形 $s_n(t)$ 和 $s_{n+1}(t)$ 有

$$
\begin{cases}
s_n(t) = d_n c'(t) \mathrm{e}^{\mathrm{j}\delta\omega_c t} \\
s_{n+1}(t) = d_{n+1} c'(t+\Delta_T) \mathrm{e}^{\mathrm{j}(\delta\omega_c t + \delta\omega_c T)}
\end{cases}, \quad t \in [0, T]
\tag{3-14}
$$

式中，$c'(t) = c[(1+\delta)t]$ 为受多普勒压缩或扩展后的扩频信号时域波形；$\mathrm{e}^{\mathrm{j}\delta\omega_c t}$ 为多普勒效应导致的快速载波相位跳变；$\Delta_T = (1-\alpha)T$ 为接收信号在 T 时间内的压缩或扩展量。此时相关器的输出能量结果为

$$
\begin{aligned}
R(\tau) &= \left| (d_n d_{n+1})^2 \int_{-\infty}^{+\infty} s_n(t+\tau) s_{n+1}^*(t)\mathrm{d}t \right|^2 \\
&= \left| \int_{-\infty}^{+\infty} c'(t+\tau) c'^*(t+\Delta_T) \mathrm{e}^{\mathrm{j}(\delta\omega_c \tau - \delta\omega_c T)}\mathrm{d}t \right|^2 \\
&= \left| \mathrm{e}^{\mathrm{j}(\delta\omega_c \tau - \delta\omega_c T)} \right|^2 \left| \int_{-\infty}^{+\infty} c[(1+\delta)t+\tau] c^*[(1+\delta)t+\Delta_T]\mathrm{d}t \right|^2
\end{aligned}
\tag{3-15}
$$

由于 $\left| \mathrm{e}^{\mathrm{j}(\delta\omega_c \tau - \delta\omega_c T)} \right|^2 = 1$，可知相关器输出的能量结果不受快速载波相位跳变影响。对式（3-15）的积分做换元处理 $\mathrm{tt} = (1+\delta)t + \Delta_T$，有

$$
\begin{aligned}
R(\tau) &= \frac{1}{(1+\delta)^2} \left| \int_{-\infty}^{+\infty} c(\mathrm{tt} - \Delta_T + \tau) c^*(\mathrm{tt})\mathrm{d}\mathrm{tt} \right|^2 \\
&= \frac{1}{(1+\delta)^2} \rho^2(\tau - \Delta_T)
\end{aligned}
\tag{3-16}
$$

当且仅当 $\tau = \Delta_T$ 时，相关器的输出能量结果出现最大值。因此，通过检测相关器输出能量最大值的位置即可完成多普勒估计。

上述推导过程中没有考虑水声信道的影响，若设 h_n 为第 n 个扩频符号持续时间内的水声信道，则式（3-16）的输出结果将变为

$$R(\tau) = \frac{1}{(1+\delta)^2} \rho(\tau - \Delta_T) * [h_n(\tau) * h_{n+1}^*(\tau)]$$

$$= \frac{1}{(1+\delta)^2} \rho(\tau - \Delta_T) * \rho_h(\tau) \tag{3-17}$$

式中，$\rho_h(\tau)$ 为两个相邻扩频符号持续时间内的信号对应信道的互相关函数。由 3.1.1 小节分析可知，相邻扩频符号间的水声信道具有较高的相关性，因此时变信道对该方法的影响可以忽略不计。

由于是利用匹配输出能量最大值偏离位置进行多普勒估计，所以如果在采用不同长度的扩频序列的前提下，利用该方法进行估计，其估计精度将不同。若系统带宽为 B，扩频因子为 N，多普勒系数为 δ，则在一个扩频符号持续时间内多普勒压缩扩展量为：$\delta N / B$。若系统采样率为 f_s，则只要满足

$$\delta \frac{N}{B} \geqslant \frac{1}{f_s} \tag{3-18}$$

即可估计出多普勒系数 δ。即基于扩频序列的多普勒估计方法的估计精度与系统带宽、系统采样率和扩频因子有关。在直扩系统中，扩频因子 N 和系统带宽 B 一般为固有系统参数，很难再改变。因此由式（3-18）可知，若要提高本方法的多普勒估计精度，则需要增加系统采样率。另外，也可以利用两个相隔多个扩频符号持续时间的接收扩频序列进行多普勒估计，以达到增加估计精度的目的。若两条扩频序列相邻 k 个扩频符号持续时间，则其最大多普勒压缩扩展量为 $k\delta N / B$，那么其估计精度将提高 k 倍。这里 k 不宜选择过大，因为 k 值的增大将导致所选择的两个扩频符号持续时间信号对应的水声信道相关性下降，进而影响匹配能量峰值输出。

为了验证本节提出的基于扩频序列的多普勒估计算法进行仿真研究。仿真中对采用扩频因子为 511 的直扩信号加入不同的多普勒效应，并利用相邻扩频符号持续时间的扩频序列进行多普勒估计。图 3-9 为在信噪比为-10dB 条件下的估计结果与理论值的比较，可以看到基于扩频序列的多普勒估计方法可较好地完成对多普勒系数的估计。需要说明的是，本书采用的多普勒补偿方法为重采样法。在实际应用中，尤其在低信噪比条件下，无论在多普勒估计上还是在多普勒补偿上都是粗略进行的，因此补偿后的结果仍然会存在多普勒干扰。但这种处理却是有意义的，因为它将大多普勒压缩扩展干扰变换为小多普勒压缩扩展干扰，将快速载波相位跳变干扰转换为缓慢载波相位跳变干扰，这样将极大提高扩频系统接收机解码性能。

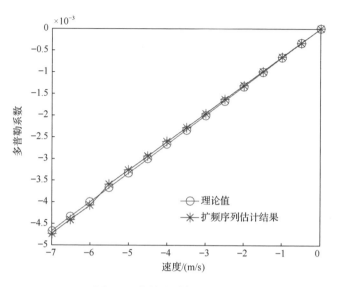

图 3-9　多普勒系数估计结果

3.2.2　基于模糊函数的时延-多普勒估计方法

1. 模糊函数的基本概念

信号的模糊函数描述了信号的时频域联合特性，最初是用来研究雷达的测量和分辨性能的，后来被引入到声呐技术中，用来作为分析测量目标的速度和距离问题以及分析声呐的检测能力的工具。信号 $s(t)$ 的模糊函数定义为

$$\left|\chi(\tau,\xi)\right| = \left|\int_{-\infty}^{\infty} s(t)s^*(t+\tau)e^{-j2\pi\xi t}dt\right| \qquad (3\text{-}19)$$

式中，τ 为信号的时延；ξ 为信号的频移。信号模糊图就是以 $\left|\chi(\tau,\xi)\right|$ 绘成的三维图形，其可以全面表达相邻目标的模糊程度。信号模糊图是模糊图的最大值下降到 0.707（-3dB）倍处的截面图，其是 (τ,ξ) 平面上的二维图形。模糊图反映了相邻目标距离和速度分辨的能力，也反映了目标距离和速度的测量精度。

模糊函数的性质如下。

（1）$\left|\chi(\tau,\xi)\right|$ 与信号频谱的关系为

$$\left|\chi(\tau,\xi)\right| = \left|\int_{-\infty}^{\infty} S(f)S^*(f+\xi)e^{-j2\pi f\tau}df\right| \qquad (3\text{-}20)$$

（2）$\left|\chi(\tau,\xi)\right|$ 在原点取得最大值 $\left|\chi(0,0)\right|$，即

$$\left|\chi(\tau,\xi)\right| \leqslant \left|\chi(0,0)\right| = E \qquad (3\text{-}21)$$

式中，E 为信号能量。

（3）$\left|\chi\left(\tau,\xi\right)\right|$ 关于原点对称，即

$$\left|\chi\left(-\tau,-\xi\right)\right|=\left|\chi\left(\tau,\xi\right)\right| \qquad (3-22)$$

（4）$\left|\chi\left(\tau,\xi\right)\right|$ 体积不变性，即

$$\int_{-\infty}^{\infty}\int_{-\infty}^{\infty}\left|\chi\left(\tau,\xi\right)\right|^{2}\mathrm{d}\tau\mathrm{d}\xi=\left|\chi\left(0,0\right)\right|^{2}=E^{2} \qquad (3-23)$$

式（3-23）表明，$\left|\chi\left(\tau,\xi\right)\right|^{2}$ 曲面下的总体积不变，它只与信号能量有关，与信号形式无关。这意味着，$\left|\chi\left(\tau,\xi\right)\right|$ 的峰值越尖锐，峰值包含的能量越小，而曲面基底所包含的能量就越大，旁瓣干扰将会较大；反之，若要求旁瓣干扰较小，$\left|\chi\left(\tau,\xi\right)\right|$ 的峰值不可能很尖，这意味着信号的分辨力也不会太高。

2. 基于模糊函数的时延-多普勒估计方法

设发射信号为 $s(t)$，经过归一化后的能量为 ε，若发射信号只经过一次散射得到了一个关于时延和多普勒的复本，则接收信号表示为

$$r(t)=\sqrt{\varepsilon}s(t-\tau)\mathrm{e}^{\mathrm{j}2\pi\nu t}+w(t) \qquad (3-24)$$

由上式可知，发射信号与接收信号的互模糊函数在 (τ,ν) 处的值相当于接收信号经过其时延-多普勒复本匹配滤波的输出。该匹配滤波器是统计信号检测理论中由奈曼-皮尔逊准则导出的最佳检测器。因此，估计时延-多普勒参数的问题可看成估计出多个不同的时延-多普勒散射回波信号参数的问题。由最大似然估计器得到充分统计量：

$$\begin{aligned}L(\hat{\tau},\hat{\nu})&=\int r(t)s^{*}(t-\hat{\tau})\mathrm{e}^{-\mathrm{j}2\pi\hat{\nu}t}\mathrm{d}t\\&=\sqrt{\varepsilon}\int s(t)s^{*}(t-\hat{\tau})\mathrm{e}^{-\mathrm{j}2\pi(\nu-\hat{\nu})t}\mathrm{d}t+\int w(t)s^{*}(t-\hat{\tau})\mathrm{e}^{-\mathrm{j}2\pi\hat{\nu}t}\mathrm{d}t\end{aligned} \qquad (3-25)$$

经过参数转换，可得似然函数：

$$\begin{aligned}\ln\varLambda(\hat{\tau},\hat{\nu})&=\varepsilon\left|\int s(t-\tau)s^{*}(t-\tau-\tau')\mathrm{e}^{-\mathrm{j}2\pi\nu't}\mathrm{d}t\right|^{2}\\&+2\sqrt{\varepsilon}\operatorname{Re}\left[n^{*}(\hat{\tau},\hat{\nu})\int s(t-\tau)s^{*}(t-\tau-\tau')\mathrm{e}^{-\mathrm{j}2\pi\nu't}\mathrm{d}t\right]+\left|n(\hat{\tau},\hat{\nu})\right|^{2}\end{aligned} \qquad (3-26)$$

从上式可以看出在忽略噪声的情况下，使似然函数最大的最大似然输出是

$$\chi_{\mathrm{ss}}=\left|\int s(t)s^{*}(t-\tau)\mathrm{e}^{-\mathrm{j}2\pi\nu t}\mathrm{d}t\right|^{2} \qquad (3-27)$$

在移动水声扩频通信中，由于本地的伪随机序列对多途时延和多普勒频偏都较为敏感，且其自相关性较好、互相关性较差，这些特性有利于利用它的模糊函

数实现对水声信道的估计。图 3-10 给出了基于互模糊函数的时延-多普勒参数估计的原理图，扩频通信的发射信号是由 n 个伪随机序列周期组成，n 为信息码个数。因此，本地的伪随机序列可以依次与接收端的 n 个扩频符号持续时间的信号求互模糊函数来对时变的水声参数进行估计与补偿。

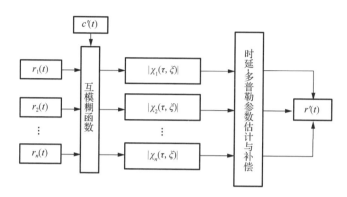

图 3-10　基于互模糊函数的时延-多普勒参数估计原理图

下面通过数学表达式来进一步说明基于互模糊函数的时延-多普勒参数估计的原理，首先对原始数据序列进行差分编码，得到差分序列 $d_n(t)$：

$$d_n(t) = \mathrm{sgn}[a_n(t) \oplus_2 d_{n-1}(t) - 0.5] \qquad (3\text{-}28)$$

式中，$a_n(t)$ 为原始信息序列；"$\oplus_2$" 为模二加法运算；$\mathrm{sgn}(\cdot)$ 为符号函数。将 $d_n(t)$ 序列中的 0 转变为-1，其中假设 $d_0(t)=1$。接下来对 $d_n(t)$ 进行扩频编码，得到 $d_n'(t)$

$$d_n'(t) = d_n(t)c(t) \qquad (3\text{-}29)$$

式中，$c(t)$ 为本地伪随机序列。然后对信号进行升采样处理和载波调制，调制方式为 BPSK 调制，得到发射信号 $s_n(t)$：

$$s_n(t) = d_n'(t)\mathrm{e}^{\mathrm{j}2\pi f_0 t} \qquad (3\text{-}30)$$

本地伪随机序列需要经过升采样和载波调制之后与 $s_n(t)$ 求得互模糊函数，为克服相位跳变的影响，我们需要把升采样后的伪随机序列扩展成 50 个周期再进行载波调制以保证对应周期的发射信号与伪随机序列相位同步。经过处理的伪随机序列表示为 $c_n'(t)$，其与发射信号 $s_n(t)$ 的互模糊函数为

$$\left|\chi_n(\tau,\xi)\right| = \left|\int_{-\infty}^{\infty} c_n'(t) s_n^*(t+\tau)\mathrm{e}^{-\mathrm{j}2\pi\xi t}\mathrm{d}t\right| \qquad (3\text{-}31)$$

根据伪随机序列的相关性可知：只有当 $\tau = \xi = 0$ 时，即无多普勒和多途干扰时式（3-31）取得最大值。图 3-11 为经调制的伪随机序列 $c'(t)$ 与接收信号第一个扩

频符号持续时间的互模糊函数图，其中采样频率 $f_s = 48\text{kHz}$，载波频率 $f_0 = 5\text{kHz}$，带宽 $B = 6\text{kHz}$。从图 3-11 我们可以看出该互模糊函数的主瓣峰非常尖锐，说明伪随机序列对时延和多普勒频移的敏感性很高。因此，该方法估计得到的时延-多普勒参数具有可靠性。

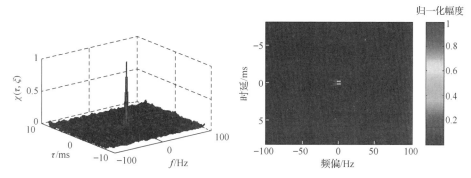

图 3-11　伪随机序列与接收信号的互模糊函数图（彩图附书后）

3. 基于模糊函数的时延-多普勒估计精度

在较小的观测时间内，水声信道的时延-多普勒扩展函数可以看作是时变信道的一阶近似，因为时间间隔较小时，可以认为水声信道的多途扩展和多普勒系数是恒定的。在对时延-多普勒扩展函数的测量中，接收信号中总会有一定的噪声干扰，这种干扰会使得测量产生误差，设接收信号为

$$y_0(t) = Ax(t - \tau_0)\mathrm{e}^{\mathrm{j}2\pi\xi_0(t-\tau_0)} + z(t) \tag{3-32}$$

对应的信道时延和多普勒频移为 (τ_0, ξ_0)，由于噪声和干扰，实际测量值为 (τ_1, ξ_1)，对应的接收信号为

$$y_1(t) = x(t - \tau_1)\mathrm{e}^{\mathrm{j}2\pi\xi_1(t-\tau_1)} \tag{3-33}$$

则 $y_0(t)$ 与 $y_1(t)$ 之间的均方误差为

$$\begin{aligned}\varepsilon &= E\left\{\int\left[y_1(t) - y_0(t)\right]^2\mathrm{d}t\right\} \\ &= E\left[\left|y_1(t)\right|^2\right] + E\left[\left|y_0(t)\right|^2\right] - 2\chi_{y_0y_1}(\tau,\xi)\end{aligned} \tag{3-34}$$

要使得测量误差 ε 为最小，则应使 $\chi_{y_0y_1}(\tau,\xi)$ 最大，即

$$\begin{aligned}\chi_{y_0y_1}(\tau,\xi) &= \int\left[Ax^*(t - \tau_0)\mathrm{e}^{-\mathrm{j}2\pi\xi_0(t-\tau_0)} + z(t)\right]x(t - \tau_1)\mathrm{e}^{\mathrm{j}2\pi\xi_1(t-\tau_1)}\mathrm{d}t \\ &= A\chi_x(\tau_0 - \tau_1, \xi_0 - \xi_1) + \chi_{xz}(\tau,\xi)\end{aligned} \tag{3-35}$$

当 $\tau = \tau_0$ 时上式取得最大值， $\chi_x(\tau_0 - \tau_1, \xi_0 - \xi_1)$ 是 $x(t)$ 的准相关函数，$\chi_{xz}(\tau, \xi)$ 是噪声 $z(t)$ 和 $x(t)$ 的二维相关函数，使上式最大就是求满足

$$\begin{cases} \dfrac{\partial \chi_{y_0 y_1}(\tau, \xi)}{\partial \tau}\bigg|_{\tau_1, \xi_1} = A\dfrac{\partial \chi_x(\tau - \tau_0, \xi - \xi_0)}{\partial \tau}\bigg|_{\tau_1, \xi_1} + \dfrac{\partial \chi_{xz}(\tau, \xi)}{\partial \tau}\bigg|_{\tau_1, \xi_1} = 0 \\ \dfrac{\partial \chi_{y_0 y_1}(\tau, \xi)}{\partial \xi}\bigg|_{\tau_1, \xi_1} = A\dfrac{\partial \chi_x(\tau - \tau_0, \xi - \xi_0)}{\partial \xi}\bigg|_{\tau_1, \xi_1} + \dfrac{\partial \chi_{xz}(\tau, \xi)}{\partial \xi}\bigg|_{\tau_1, \xi_1} = 0 \end{cases} \quad (3\text{-}36)$$

条件的 τ_1 和 ξ_1。定义：

$$\begin{cases} \beta_0 = 2\pi W_0 \\ \delta_0 = 2\pi T_0 \\ a_0 = 4\pi^2 C_0 \end{cases} \quad (3\text{-}37)$$

式中，W_0 为信号的均方根带宽；T_0 为信号的均方根周期时间；C_0 为线性调频常数，用来描述波形的距离和速度的联合分辨能力。将模糊函数展开为泰勒级数，并略去高阶项可得

$$\chi_x(\tau - \tau_0, \xi - \xi_0) \approx 1 - \frac{1}{2}\left[\beta_0^2(\tau - \tau_0)^2 - 2a_0(\tau - \tau_0)(\xi - \xi_0) + \delta_0^2(\xi - \xi_0)^2\right] \quad (3\text{-}38)$$

于是有

$$\begin{cases} \dfrac{\partial \chi_x(\tau - \tau_0, \xi - \xi_0)}{\partial \tau}\bigg|_{\tau_1, \xi_1} = -\beta_0^2(\tau_1 - \tau_0) + a_0(\xi_1 - \xi_0) \\ \dfrac{\partial \chi_x(\tau - \tau_0, \xi - \xi_0)}{\partial \xi}\bigg|_{\tau_1, \xi_1} = -\delta_0^2(\xi_1 - \xi_0) + a_0(\tau_1 - \tau_0) \end{cases} \quad (3\text{-}39)$$

以及

$$\begin{cases} E\left\{\left[\left(\dfrac{\partial \chi_{xz}(\tau, \xi)}{\partial \tau}\right)^2\right]\bigg|_{\tau_1, \xi_1}\right\} = N_0 \beta_0^2 \\ E\left\{\left[\left(\dfrac{\partial \chi_{xz}(\tau, \xi)}{\partial \xi}\right)^2\right]\bigg|_{\tau_1, \xi_1}\right\} = N_0 \delta_0^2 \end{cases} \quad (3\text{-}40)$$

式中，N_0 为噪声的功率谱密度。将式（3-39）和式（3-40）代入式（3-36）可得

$$\delta_\tau^2 = E\left[(\tau_1 - \tau_0)^2\right] = \frac{N_0}{A^2 \beta_0^2} + \frac{a_0^2}{\beta_0^4}\delta_\xi^2 \quad (3\text{-}41)$$

$$\delta_{\xi}^2 = E\left[\left(\xi_1 - \xi_0\right)^2\right] = \frac{N_0}{A^2 \delta_0^2} + \frac{a_0^2}{\delta_0^4}\delta_{\tau}^2 \tag{3-42}$$

由式（3-41）和式（3-42）可得测量的均方根误差

$$\delta_{\tau} = \frac{\delta_n}{\sqrt{\left(A^2/N_0\right)\left(\beta_0^2 \delta_0^2 - a_0^2\right)}} = \frac{1}{\beta_0 \sqrt{\left(A^2/N_0\right)\left(1-\rho\right)}} \tag{3-43}$$

$$\delta_{\xi} = \frac{\beta_n}{\sqrt{\left(A^2/N_0\right)\left(\beta_0^2 \delta_0^2 - a_0^2\right)}} = \frac{1}{\delta_0 \sqrt{\left(A^2/N_0\right)\left(1-\rho\right)}} \tag{3-44}$$

式中，

$$\rho = a_0 / \left(\delta_0 \beta_0\right) = C_0 / \left(T_0 B_0\right) \tag{3-45}$$

由此可见，对时延-多普勒扩展函数的测量误差，不仅与信噪比有关，而且与信号的时间带宽积有关。为了提高分辨率，需要采用模糊函数在时间频率轴上有尖锐锋的信号，如伪随机信号、调频信号等。

4. 基于模糊函数的时延-多普勒估计仿真

为了验证上述方法的可靠性，下面对此种方法进行仿真分析。仿真的条件如下：发送的数据为 50bit，系统带宽为 6kHz，载波信号频率为 6kHz，同步信号采用带宽为 4～6kHz、脉宽为 0.2s 的线性调频信号，PN 码选用 9 阶 m 序列，信噪比为-5dB。水声多途信道如图 3-12 所示，三条途径分别为 0ms、3.7ms、8.3ms。

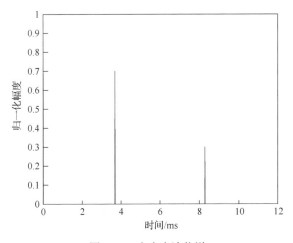

图 3-12　水声多途信道

在本次仿真中，首先假设通信期间收发节点间的相对运动速度保持不变，三条途径对应的多普勒频移分别为 20Hz、17Hz、15Hz。时延和多普勒对应的估计

区间 $\Delta\tau$ 和 $\Delta\xi$ 分别取为 0.01ms 和 2.5Hz。接收信号同步后，在 50 个扩频周期的数据中选用第 1、11、31 个扩频周期的数据与相对应的伪随机序列求互模糊函数进行时延-多普勒参数的估计，以验证算法的稳定性。

图 3-13 给出了利用第 1 个扩频周期数据进行时延-多普勒参数估计的结果，三个峰值的坐标分别为(20,0,1)、(17.5,3.7,0.4551)、(15,8.3,0.3289)，由此可知本次估计结果正确。图 3-14 给出了利用第 11 个扩频周期数据进行参数估计的结果，三个峰值的坐标分别为(20,0,1)、(17.5,2.7,0.3615)、(15,6.6,0.3617)，三个点的横坐标代表的多普勒估计的值完全正确，但时延估计与设定值不符，原因在于没有对第二条及第三条途径在前十个周期累积的时延进行同步，经计算第二条及第三条途径在前十个周期累积的时延分别为 1ms 和 1.7ms，则可以看出，将时延同步后，估计结果正确。图 3-15 给出了利用第 31 个扩频周期数据进行参数估计的结果，

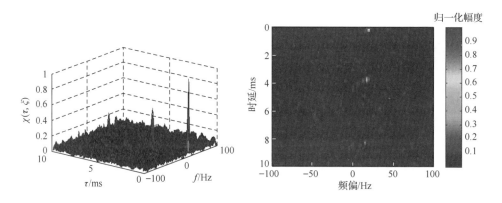

图 3-13　第 1 个扩频周期数据估计结果（彩图附书后）

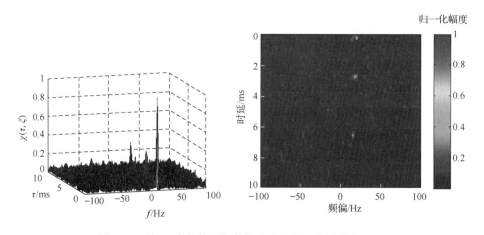

图 3-14　第 11 个扩频周期数据估计结果（彩图附书后）

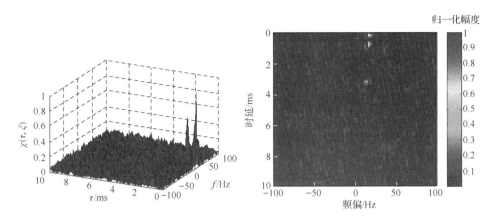

图 3-15　第 31 个扩频周期数据估计结果（彩图附书后）

三个峰值的坐标分别为(20,0,1)、(17.5,0.7,0.667)、(15,3.2,0.3567)，第二条及第三条途径在前 30 个周期累积的时延分别为 3.1ms 和 5.3ms，则同步过后时延估计会有一定误差，多普勒估计准确。

3.3　直扩移动水声通信

3.3.1　改进的差分能量检测器

图 3-16 给出了改进的差分能量检测器原理图。接收的直扩信号经过粗同步和多普勒估计补偿后，将前一个扩频符号持续时间信号的后半段和后一个扩频符号持续时间信号的前半段组成的信号分别与本地构建的两个序列进行相关运算[2-3]，通过比较两个相关器输出的能量完成解码。下面通过公式进一步说明。

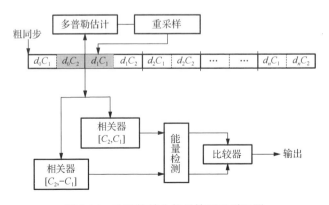

图 3-16　改进的差分能量检测器原理图

改进的差分能量检测器每次处理的接收信号由前一个扩频符号持续时间信号的后半段和后一个扩频符号持续时间信号的前半段组成（暂不考虑噪声及水声信道影响）：

$$r_n = [d_{n-1}C_2 \mathrm{e}^{\mathrm{j}\bar\varphi}, d_n C_1 \mathrm{e}^{\mathrm{j}\bar\varphi}] \tag{3-46}$$

式中，C_2 为扩频序列后半段；C_1 为扩频序列的前半段；$\bar\varphi$ 为在一个扩频符号持续时间内的平均相位。改进的差分能量检测器假设：经过多普勒补偿后，残留的载波相位在一个扩频符号持续时间内近似为一个定值。因此，改进的差分能量检测器两个相关器的输出能量结果为

$$\begin{aligned}
\rho_1 &= \langle r_n \cdot T_+ \rangle = \mathrm{e}^{\mathrm{j}\bar\varphi} \langle [d_{n-1}C_2, d_n C_1] \cdot T_+ \rangle \\
\rho_2 &= \langle r_n \cdot T_- \rangle = \mathrm{e}^{\mathrm{j}\bar\varphi} \langle [d_{n-1}C_2, d_n C_1] \cdot T_- \rangle
\end{aligned} \tag{3-47}$$

式中，$\langle \cdot \rangle$ 表示相关运算；$T_\pm$ 为本地构建的扩频序列：

$$T_+ = [C_2, C_1], \qquad T_- = [C_2, -C_1] \tag{3-48}$$

通过比较两个相关器输出能量最大值即可完成解码：

$$\begin{bmatrix} E_1 \\ E_2 \end{bmatrix} = \begin{bmatrix} \max\{|\rho_1|^2\} \\ \max\{|\rho_2|^2\} \end{bmatrix} = \begin{bmatrix} \left| \sum C_2^2 + d_{n-1}d_n \sum C_1^2 \right|^2 \\ \left| \sum C_2^2 - d_{n-1}d_n \sum C_1^2 \right|^2 \end{bmatrix} \tag{3-49}$$

由式（3-49）可知，当 $E_1 > E_2$ 时，$a_n = d_{n-1}d_n = 1$；当 $E_1 < E_2$ 时，$a_n = d_{n-1}d_n = -1$。可以看出，改进的差分能量检测器只要求载波相位在一个扩频符号持续时间内保持稳定即可完成解码，而差分能量检测器则要求载波相位在两个扩频符号持续时间内保持稳定。因此，改进的差分能量检测器对载波相位跳变更加不敏感，更适用于移动水声通信。

图 3-17 给出了在收发双方存在 1m/s 相对运动时，同一直扩系统分别采用差分能量检测器和改进的差分能量检测器解码性能对比图，仿真中扩频序列采用周期为 511 的 m 序列。需要说明的是，在解码过程中没有进行多普勒估计和补偿处理。1m/s 的相对运动使得载波相位在两个扩频符号持续时间内不再保持稳定，因此严重降低了差分能量检测器的处理增益，事实上此时差分能量检测器已无法正确解码；而改进的差分能量检测器的处理增益只受一个扩频符号持续时间的载波相位干扰，其处理增益受载波相位跳变影响较小，因此解码性能要明显优于差分能量检测器。

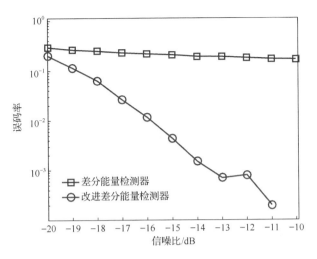

图 3-17 多普勒条件下差分能量检测器性能对比

由于改进的差分能量检测器与差分能量检测器原理完全一致,因此改进的差分能量检测器同样具有较强的抗多途能力,当水声信道多途扩展小于扩频符号持续时间时,水声信道的多途扩展分量将成为能量的有益贡献。图 3-18 给出了在图 3-12 的水声信道条件下改进差分能量检测器的输出结果,仿真中直扩系统采用周期为 511 的 m 序列。可以看到,改进差分能量检测器的输出结果与差分能量检测器一样,均具有较好的抗多途扩展干扰的能力。

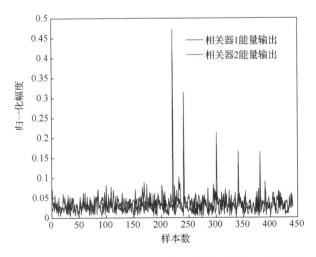

图 3-18 水声信道条件下改进差分能量检测器输出(彩图附书后)

3.3.2　双差分相关检测器

双差分相关检测器是差分相关检测器的改进版本，对直扩系统发射端编码要求以及对载波相位跳变的假设条件均发生了变化。首先，双差分相关检测器采用式（3-11）对载波相位跳变的假设，即认为载波相位跳变是线性变化的；其次，双差分相关检测器对直扩系统发射端原始信息序列进行双差分编码。下面通过公式进行详细说明。

设直扩系统发射端原始信息序列为 a_n，经过双差分编码后的信息序列为 u_n，则有

$$u_n = u_{n-1}d_n, \quad u_{-1} = 1 \tag{3-50}$$

以及

$$d_n = d_{n-1}a_n, \quad d_0 = 1 \tag{3-51}$$

且可知

$$a_n = (u_n u_{n-1})(u_{n-1}u_{n-2}) \tag{3-52}$$

将双差分编码序列 u_n 进行扩频和载波调制即可发送出去。

在接收端首先将接收信号由通带信号转换到基带信号，则第 n 个扩频符号持续时间内的基带接收信号可表示为

$$r_n = u_n \mathrm{e}^{\mathrm{j}\bar{\varphi}_n} c * h_n + \Gamma_n \tag{3-53}$$

式中，h_n 为第 n 个扩频符号持续时间内的水声信道；Γ_n 为噪声干扰；c 为扩频序列；$\bar{\varphi}_n$ 为第 n 个扩频符号持续时间内载波相位跳变平均相位：

$$\bar{\varphi}_n = \frac{1}{N}\sum_{m=1}^{N}\varphi_n[m] \tag{3-54}$$

由式（3-11）可知，$\bar{\varphi}_n$ 也呈线性变化：

$$\bar{\varphi}_n - \bar{\varphi}_{n-1} \approx \bar{\varphi}_{n+1} - \bar{\varphi}_n \tag{3-55}$$

利用本地参考扩频序列与接收基带扩频信号进行相关运算有

$$y_n = u_n \mathrm{e}^{\mathrm{j}\bar{\varphi}_n} \rho * h_n + \Delta_n \tag{3-56}$$

式中，ρ 为扩频序列自相关函数；Δ_n 为解扩后的噪声干扰，为小量可忽略。对 y_n 进行双差分解码有

$$
\begin{aligned}
z_n &= \mathrm{Re}\left[\left(y_n y_{n-1}^*\right) \times \left(y_{n-1}^* y_{n-2}\right)\right] \\
&= \mathrm{Re}\Big\{\left[u_n u_{n-1}\mathrm{e}^{\mathrm{j}(\varphi_n - \varphi_{n-1})}\left(\rho * h_n\right)\left(\rho * h_{n-1}\right)\right] \\
&\quad \times \left[u_{n-1}u_{n-2}\mathrm{e}^{\mathrm{j}(\varphi_{n-1}-\varphi_{n-2})}\left(\rho * h_{n-1}\right)\left(\rho * h_{n-2}\right)\right]\Big\}
\end{aligned}
\tag{3-57}
$$

由于 h_{n-2}、h_{n-1} 和 h_n 为相邻扩频符号持续时间内的水声信道，由 3.1.1 节分析可认为 $h_n \approx h_{n-1} \approx h_{n-2}$。因此式（3-57）可进一步整理为

$$z_n \approx \mathrm{Re}\left[a_n \mathrm{e}^{\mathrm{j}(\bar{\varphi}_n + \bar{\varphi}_{n-2} - 2\bar{\varphi}_{n-1})} (\rho * h_n)^4 \right]$$
$$= a_n h_n^4 \tag{3-58}$$

对式（3-58）进行峰值检测即可完成最终的解码。可见，双差分相关检测器充分利用载波相位跳变的线性变化特性将其有效抑制。

目前为止，本书针对水声直扩系统共提出了四种接收机算法，它们分别是：差分能量检测器、改进差分能量检测器、差分相关检测器和双差分相关检测器。这四种检测器中，由于双差分相关检测器对载波相位跳变的假设最为宽松，因此在抗载波相位跳变的性能上最佳，其次为改进差分能量检测器。利用这四种检测器分别对同一个受到快速载波相位跳变干扰的直扩信号在不同信噪比条件下进行解码，图 3-19 给出了四种检测器的解码性能曲线。可以看到，双差分相关检测器受载波相位跳变的影响最小，因此性能要优于其他三种检测器；而差分相关检测器和差分能量检测器则因为快速载波相位跳变的影响几乎失去扩频处理增益，因此它们的性能最差。

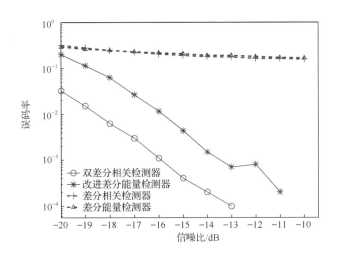

图 3-19　四种检测器性能对比

3.3.3　解差分扩频检测器

解差分扩频检测器要求发射端对扩频后的信息序列进行差分编码，在接收端通过对接收基带信号解差分处理来去除快速载波相位跳变干扰，最后通过解扩处

理完成解码。下面通过公式对解差分扩频检测器原理进行详细说明。

在直扩系统发射端，设发送信息序列为 a_n，扩频序列为 $c = (c_1, c_2, \cdots, c_N)$，则 $b_n = a_n c$ 为第 n 个信息扩频后的序列。对 b_n 进行差分编码后的序列为 v_n：

$$
\begin{aligned}
v_n[i] &= v_n[i-1]b_n[i] \\
&= a_n v_n[i-1]c[i]
\end{aligned}
\tag{3-59}
$$

式中，$i = 1, 2, \cdots, N$；$v_n[0] = v_{n-1}[N]$；$v_1[0] = 1$。对差分扩频序列 v_n 进行载波调制后即可将信号发送出去。

在接收端首先将接收信号由通带信号转换到基带信号，则第 n 个扩频符号的基带接收信号可表示为（为方便讨论暂不考虑水声信道）

$$
r_n[i] = v_n[i]\mathrm{e}^{j\varphi_n[i]} + \Gamma_n[i]
\tag{3-60}
$$

式中，φ_n 为第 n 个扩频符号内的载波相位跳变；Γ_n 为噪声干扰。解差分扩频检测器首先对基带信号进行解差分处理：

$$
\begin{aligned}
r_\mathrm{d}[i] &= \mathrm{Re}\left\{r_n[i]r_n^*[i-1]\right\} \\
&= \mathrm{Re}\left\{a_n c[i]\mathrm{e}^{j\varphi[i]-j\varphi[i-1]} + \Gamma_n[i]\Gamma_n^*[i-1]\right. \\
&\quad \left. + \Gamma_n[i]v_n[i-1]\mathrm{e}^{-j\varphi_n[i-1]} + \Gamma_n^*[i-1]v_n[i]\mathrm{e}^{j\varphi_n[i]}\right\}
\end{aligned}
\tag{3-61}
$$

式中，第一项为期望输出项，后三项为干扰输出项。由式（3-8）可知，式（3-61）可整理为

$$
r_\mathrm{d} = a_n c + \Delta_n
\tag{3-62}
$$

采用传统的拷贝相关法即可完成对 a_n 解码：

$$
z_n = a_n \rho + \Delta_n'
\tag{3-63}
$$

式中，Δ_n' 为干扰项与本地参考扩频序列相关输出结果。

上述分析可以看出，解差分扩频检测器除去载波相位跳变干扰的过程依据了式（3-8）的假设条件，即仅需相邻扩频序列码片持续时间内的载波相位跳变保持稳定，因此在抗载波相位跳变干扰上解差分扩频检测器的性能是最好的。它几乎完全消除了载波相位跳变影响从而最大限度地获得了后续扩频处理增益。

但由于去载波相位跳变干扰前没有获得扩频增益，所以其抗噪声干扰能力较弱。图 3-20 通过仿真给出了解差分扩频检测器与差分相关检测器、双差分相关检测器在无载波相位跳变干扰条件下的解码性能对比。可以看到，解差分扩频检测器在噪声干扰下的解码性能低于差分相关检测器和双差分相关检测器。由于解差分扩频检测器在进行解差分扩频序列处理时没有利用到扩频处理增益，噪声干扰项被放大，因此解差分扩频检测器在抗噪声干扰的性能上将大大降低。差分相关

检测器和双差分相关检测器均首先进行解扩处理，在解差分运算过程中的干扰已被降低，而双差分相关检测器由于要进行两次解差分运算，因此在无载波相位跳变干扰或缓慢载波相位跳变干扰时，其性能要低于只需一次解差分运算的差分相关检测器。由此可以看到，本书提出的几种直扩系统接收机算法在抗载波相位跳变干扰上是要付出一定代价的，即在抗载波相位跳变过程中引入一定的噪声干扰，而抗载波相位跳变能量越强，引入的干扰也将越大。

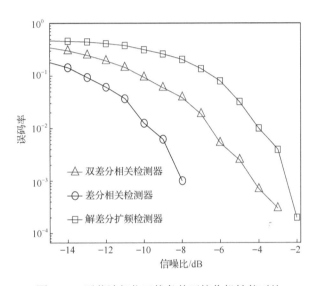

图 3-20　无载波相位干扰条件下接收机性能对比

3.4　M 元移动水声扩频通信

前面详细讨论了直接序列扩频系统在移动水声通信中的应用，其主要思想为：首先对同步后的信号进行多普勒估计/补偿，然后通过接收机算法进行解码，该思路也同样适用于 M 元移动水声扩频通信系统，本节将简单讨论 M 元扩频系统在移动水声通信中应用的一些细节[4]。

由于 M 元扩频信号每个扩频符号持续时间内对应的扩频序列不同，因此 3.2.1 小节给出的基于扩频序列的实时多普勒估计方法不再适用。在 M 元扩频系统中主要采用 LFM 信号进行多普勒估计。

M 元能量检测器对载波相位跳变的假设是载波相位跳变在一个扩频符号持续时间内保持稳定，这和改进差分能量检测器对载波相位跳变的假设相同。因此，经过多普勒补偿后，M 元能量检测器足以应对余下的载波相位跳变干扰。当载波相位跳变在一个扩频符号持续时间内不稳定时，可选择分段 M 元能量检测器进行解码。图 3-21 给出了分段能量检测器原理图,图中 $r_c^i(t)$ 表示将信号 $r_c(t)$ 分成 S 段后的第 i 段信号;同理,$PN_m^i(t)$ 为将 $PN_m(t)$ 分成 S 段后的第 i 段信号,其中 $PN_m(t)$ 为 M 元扩频矩阵中第 m 条扩频序列。分段 M 元能量检测器的核心思想是:将一个整周期扩频符号分成 S 段分别进行 M 元能量检测处理,这样能量检测器的积分时间将被缩短,从而保证每段的积分时间内相位跳变保持稳定。需要说明的是,分段能量检测器虽然具有较好的抗快速载波相位跳变的能力,但它是以牺牲扩频增益为代价的。分段越多,处理增益越小,因此在实际应用中应尽可能减小分段数量。

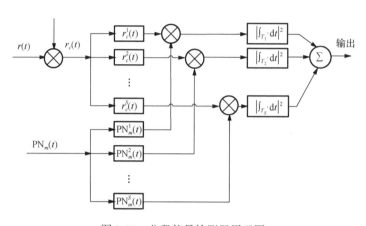

图 3-21　分段能量检测器原理图

M 元水声扩频通信系统对多普勒累积效应十分敏感,当多普勒压缩扩展累积时间超过 T_c(T_c 为扩频序列码片持续时间)时,M 元能量检测器的输出能量将没有明显峰值,检测器必将出现差错。因此,M 元能量检测器必须进行实时的码位同步,保证多普勒压缩扩展量不超过 T_c。

3.5　差分 PDS 移动水声扩频通信

PDS 采用的是固定码元宽度,利用码元的时间宽度在时域进行相邻码元的分割来抵消多途信道引起的码间干扰。但是,固定码元宽度会带来一定程度上通信速率的下降,另外当存在由相对运动产生的时间压缩或扩展时,在接收端很难精确做到码元分割。

差分调制、解调是无线电通信里面常用的方法,如差分相移键控。采用差分相干解调除了不需要恢复相干载波外,在抗频漂能力、抗多途效应与抗相位抖动能力方面均优于绝对调制。本节基于 PDS 体制及差分编解码的特点,提出了一种以相邻码元的时间差值携带信息的差分编码方式，它的码元宽度是非固定的，有效地提高了通信速率，具有较好的抗码间干扰和抗多普勒干扰的能力。

3.5.1　差分 PDS 原理

对于 PDS 水声通信体制来讲，通信节点的移动一方面将导致相关峰降低从而引起测时精度下降，另一方面就是时间压缩与扩展[5]。

图 3-22 是存在多普勒效应条件下 PDS 译码示意图，从图中可以看见，多普勒效应的存在引起了时间压缩，Pattern 码相关峰减弱的同时还会发生偏移。

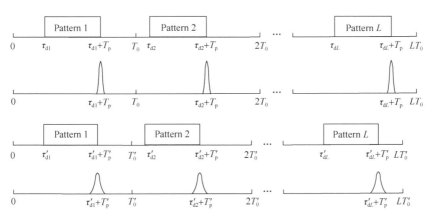

图 3-22　存在多普勒效应条件下 PDS 译码示意图

差分 Pattern 时延差编码（differential Pattern time delay shift coding, DPDS）水声通信体制是对 PDS 体制的改进，如图 3-23 所示。从图中可以看到，每个码元没有固定码元宽度，相邻的 Pattern 码采用正、负调频斜率的线性调频信号进行码元分割，这样可以抑制部分多途信道对相邻码元产生的码间干扰。

图 3-23　差分 Pattern 时延差编码示意图

T_{i_end} 表示第 i 个码元结束时刻，τ_i 表示第 i 个码元所调制的时延值，$\tau_i \in [0, T_c]$，其中 T_c 为最大编码时间。若每个码元携带 $n$bit 信息，则将最大编码时间 T_c 分为 $2^n - 1$ 份，编码量化间隔 $\Delta\tau = T_c / (2^n - 1)$。例如当每个码元携带 4bit

信息时，则将编码时间均分为 15 份，第 i 个码元的时延差 τ_i 为

$$\tau_i = T_{i\_\text{end}} - T_{i-1\_\text{end}} - T_p = k_i \times \Delta\tau, \quad k_i = 0,1,\cdots,2^n - 1 \tag{3-64}$$

式中，第 i 个码元信息的参考时间基准是前一码元。不同的 τ_i 代表不同的信息：若 $k=0$，则代表信息"０００００"，Pattern 码位置 $\tau = 0$；若 $k=8$，则代表信息"１０００"，Pattern 码位置 $\tau = 8 \times \Delta\tau$。

差分 Pattern 时延差编码通信系统在进行解码时，计算第 i 个码元 Pattern 码相关峰出现的位置 T_{i_end} 与解码时间基准 T_{i-1_end}（该时刻为前一个码元 Pattern 码的相关峰位置）的差值，再减去 T_p 即求得第 i 个码元携带的时延值 τ_i。

3.5.2 系统抗多普勒干扰性能分析

当信源、信宿间存在相对运动时，将会产生两方面问题：①多普勒效应对 Pattern 码在时域上产生压缩或扩展，导致与本地参考码之间相关性减弱；②信源、信宿间相对距离变化造成时间漂移，该时间漂移随着通信的持续发生累积。对于第一个问题，选取正、负调频斜率的 LFM 为 Pattern 码型，它具有较好的多普勒容限，经验证在 LFM 信号相关性损失 3dB（半功率点）的情况下对应的多普勒系数为 $1.74/(BT)$，其中 B 为信号的带宽，T 为信号的脉宽。本章采用的 Pattern 码参数下多普勒容限为 0.0435，仿真和湖试条件下产生的多普勒效应均不会对 Pattern 码的相关性产生很大的影响，在此不做详细讨论。下面分析一下第二个问题。

信源、信宿间径向运动速度为 v，其在通信时间长度为 T_x 内的移动距离等于信源、信宿相对距离变化所产生的时间压缩量内的声程，即

$$vT_x = c\left(T_x - T_x'\right) \tag{3-65}$$

式中，$dT_x = T_x - T_x'$ 为时间压缩量，也是通信时间长度 T_x 内的时间漂移累积量。

从式（3-64）可以看出，各码元信息是以相邻码元的时间差携带的，参考时间基准是前一码元，所以对于下一码元，式（3-65）中的通信时间长度为 $T_x = T_p + \tau_i$。只要保证在通信时间 T_x 范围内，时间漂移累积量 dT_x 小于编码量化间隔 $\Delta\tau$ 的二分之一，则不会由于时间漂移产生误码，即满足

$$dT_x = \frac{vT_x}{c} < \frac{\Delta\tau}{2} \tag{3-66}$$

式中，c 为声速。由此可推出，当信源、信宿间径向运动速度 $v < \Delta\tau \cdot c/(2T)$ 时，通信系统不会由于时间漂移累积产生误码。对于差分 Pattern 时延差编码系统，式（3-66）中的通信时间长度的最大值为 $T_{x\max} = T_p + T_c$，假设 $T_p = T_c$，每个码元携带 $n$bit 信

息，则 v 只要保证不大于 $c/2^{n+2}$ 时，则不会由于信源、信宿间的相对运动而产生的时间漂移的累积导致误码。工程实际应用中，为提高通信质量，水声通信期间通信双方相对速度低于 5m/s 较为适宜，以减小多普勒效应和本地背景干扰。所以差分 Pattern 时延差编码系统具有较好的抗多普勒效应产生的时间压缩、扩展的能力。

3.5.3　系统有效性与可靠性分析

从统计的角度来分析信源，平均码元宽度为 $T_p + T_c/2$，则差分 Pattern 时延差编码通信系统的通信速率为 $n/(T_p + T_c/2)$。同前面讲解的 PDS 系统比较，差分 Pattern 时延差编码除了具有抗相对运动产生时间漂移累积的能力外，可以推出其通信速率提高了：

$$\Delta v = n/\left(T_p + T_c/2\right) - n/T_0 \tag{3-67}$$

假设 $T_p = T_c$，则通信速率约提高了 33.3%。若每个码元携带 4bit 信息，此时差分 PDS 通信速率为 266bit/s，比前面讲解的 PDS 系统提高了 $\Delta v = 66$bit/s。

另外，差分 Pattern 时延差编码通信系统对信源编码产生的每 4 位二进制信息进行了格雷码变换。采用格雷码的好处在于：相邻的两个时延差值所代表的数字信息只有一位不同。噪声或其他干扰产生时延差估计误差时，最有可能发生的是相邻时延差的判决错误，采用格雷码之后相邻时延差估计错误仅会造成 1bit 的误码。把原始二进制信息码变换为格雷码，只需要从原始二进制码的最右边一位起，依次将每一位与左边一位做异或运算，最左边一位不变，这样得到的码为格雷码。反之，把格雷码变换成为二进制信息码时，从左边第二位起，依次将每位与左边一位解码后的值做异或运算，所得到的码为原始二进制信息码。假设产生的误码大部分是相邻时延差值发生的误判决引起，采用格雷码后发生的误码率与误符号波特率有如下关系：

$$P_b \approx \frac{P_s}{n} \tag{3-68}$$

式中，n 为每个码元携带的比特数。假设每个码元携带 4bit 信息，则该体制的误码率大致为四分之一误符号率。

参 考 文 献

[1]　Liu Z Q, Yoo K, Yang T C, et al. Long-range double-differentially coded spread-spectrum acoustic communications with a towed array[J]. IEEE Journal of Oceanic Engineering, 2014, 39(3): 482-490.

[2]　Yang T C, Yang W B. Performance analysis of direct-sequence spread-spectrum underwater acoustic communications with low signal-to-noise-ratio input signals[J]. Journal of the Acoustical Society of America, 2008, 123(2): 842-855.

[3]　殷敬伟, 张晓, 孙立强, 等. 差分扩频技术在移动水声通信中的应用[J]. 中国科学: 信息科学, 2012, 42(4): 436-445.

[4]　惠俊英, 王蕾, 殷敬伟. 分组 M 元扩频 Pattern 时延差编码水声通信[J]. 华中科技大学学报: 自然科学版, 2008, 36(7): 30-33.

[5]　Yin J W, Hui J Y, Hui J, et al. Underwater acoustic communication based on Pattern time delay shift coding system[J]. China Ocean Engineering, 2006, 20(3): 499-508.

第 4 章　时间反转镜技术在水声扩频
通信中的应用

信道多途扩展产生的码间干扰是影响水声通信性能的主要障碍之一。时间反转镜（time reversal mirror, TRM）技术具有时间压缩性能，可以重组多途信号而抑制码间干扰，且具有空间聚焦性能，可以减小信道衰落的影响。本章将主要介绍时间反转镜技术的发展和基本原理，并分析其在水声扩频通信系统中的应用。

4.1　时间反转镜技术简介

时间反转镜技术在水声中的研究工作起源于 20 世纪 80 年代，主要代表人物为 D. R. Dowling（D. R. 道林）和 W. A. Kuperman（W. A. 库珀曼）。D. R. Dowling 最早提出主动式时间反转镜，并对时间反转镜技术进行了大量理论推导工作，同时也最早提出了被动式时间反转镜技术。W. A. Kuperman 领导的团队在美国海军研究办公室的支持下进行了大量的时间反转镜海上试验研究，快速推动了时间反转镜技术在水声中的实际应用。W. A. Kuperman 领导团队于 1996 年 4 月在意大利西海岸进行了第一次时间反转镜技术试验研究，首次完成了对时间反转镜技术的海上验证，并在随后的几年里几乎每年都会进行一次时间反转镜海上试验，取得了一系列研究成果。下面对时间反转镜试验进行简单回顾。

在美国海军研究办公室的支持下，美国海军物理实验室 Song 等[1]于 1996 年 4 月在意大利西海岸进行了声学时间反转镜浅海试验，这是首次通过海上试验来验证时间反转镜技术，并于次年 5 月在同一海区进行了第二次试验[2]。1999 年 7 月，在相同海区他们进行了第三次海试[3]，并基于 BPSK 通信体制进行了水声通信研究。

第一次海试（1996 年 4 月）首次通过海试验证了时间反转镜的空间、时间聚焦特性（聚焦距离为 6.3km）。

1997 年 5 月，第二次海试将第一次海试的结果进行了以下扩展：

（1）聚焦距离从第一次的 6.3km 扩展到 30km；

（2）提出一种新的技术，使时间反转信号聚焦于非原探测信号（probe signal, PS）处，即可通过对载波加一频偏来实现聚焦点的改变；

（3）揭示出探测信号可以与相隔一周后的海洋环境成功实现聚焦，即证明了时间反转镜聚焦性能的鲁棒性。

1999 年 7 月的第三次海试是建立在前两次海试的基础上的。第三次海试的时间反转镜基阵是由 29 个频率响应一致的传感器组成的收发合置阵（source-receive array, SRA）构成，长度为 78m；另有一个由 32 个基元组成的、长 93m 的水听器垂直接收阵（vertical receive array, VRA）置于距 SRA 之外 11km 处；一点声源，也可视为 PS 位于由 SRA、VRA 组成的垂直平面内，且紧靠近于 VRA。海洋深度在 110m 到 130m 之间。本次试验将 TRM 技术应用于水声通信，信息调制方式为 BPSK（3.5kHz 单频脉冲，脉宽 2ms），采用的是主动式 TRM，即需要往返发射（two-way communication）。

4.2　主动时间反转镜

在图 4-1 所示的时间反转镜试验结构示意图中，设 z 为垂直方向坐标轴，时间反转镜基阵由 J 个阵元构成，海深为 H（m），声源与 TRM 水平距离为 R（km）。为简化讨论，假设海面为自由界面，海底为刚性底质。

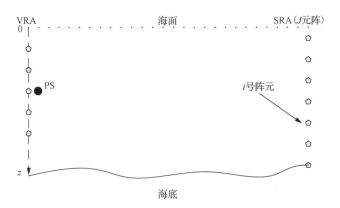

图 4-1　时间反转镜试验结构示意图

时间反转镜试验分三个步骤完成：

（1）声源向反射体所在的介质中发射宽带脉冲，称为"前向"传输；

（2）时间反转镜各阵元采集并存储目标反射回来的声压；

（3）时间反转镜各阵元将存储的信号时间反转后重新发射，称为"反向"传输。

时间反转镜技术自动匹配于水声信道，是"最佳"空间和时间滤波器的实现。该匹配滤波不是对发射信号进行匹配，而是对声波传输的声信道进行匹配，称这一匹配过程为空间或信道的匹配，这是由互易原理导出的。

互易原理是时间反转镜技术的重要理论基础，它表示声源 PS 与 SRA 的 j 号阵元间的声场及 SRA 的 j 号阵元与声源 PS 间的声场是互易的。其简单含义是，在同样的传播条件下，声源 PS 点发射后 j 号阵元得到的声压，和以同样的声源强度在 j 号阵元发射，在 PS 点得到的声压是相等的。时间反转镜技术是 SRA 各阵元将接收到的信号时间反转后再次经过信道到达声源 PS 处，源信号两次经过的信道是互易的。

下面从频域相位共轭和时域时间反转两个角度分别分析时间反转镜的聚焦原理。

4.2.1　频域相位共轭原理

声源 PS 向 TRM 基阵发射探测信号 $p(t)$。声源 PS 与 j 号阵元之间的声场可用冲激响应函数［时域：$h_j(t)$］或与其等价的格林函数［频域：$G_\omega(R; z_j, z_{ps})$］来表示，声场互易性意味着

$$G_\omega(R; z_j, z_{ps}) = G_\omega(R; z_{ps}, z_j) \tag{4-1}$$

式中，$|R|$ 为 PS 与 SRA 的水平距离；z_{ps} 为声源 PS 的深度；z_j 为 SRA 中阵元 j 的深度；ω 为声源的角频率。

当声源 PS 处发射的信号为简谐波，即时间仅和因子 $e^{-i\omega t}$ 有关，且海深不随距离变化时，格林函数 $G_\omega(R; z_j, z_{ps})$ 满足亥姆霍兹方程（Helmholtz equation）：

$$[\nabla^2 + k^2(z_j)]G_\omega(R; z_j, z_{ps}) = -\delta(R - r_{ps})\delta(z_j - z_{ps}) \tag{4-2}$$

式中，z 取正半轴，波数 $k(z) = \omega / c(z)$。在远场条件下，可给出式（4-2）的声压简正波解：

$$G_\omega(R; z_j, z_{ps}) = \frac{i}{\rho(z_{ps})(8\pi R)^{1/2}} \exp(-i\pi/4) \cdot \sum_n \frac{u_n(z_{ps})u_n(z_j)}{k_n^{1/2}} \exp(ik_n R) \tag{4-3}$$

式中，$u_n(z)$ 是本征函数，它是特征方程的解；k_n 为第 n 号简正波的波数。二者可通过边界条件解算：

$$\frac{d^2 u_n}{dz^2} + \left[k^2(z) - k_n^2\right]u_n(z) = 0 \tag{4-4}$$

本征函数满足完备性和标准正交性条件，即

$$\sum_{\text{全部模态}} \frac{u_n(z)u_n(z_s)}{\rho(z_s)} = \delta(z - z_s) \tag{4-5}$$

$$\int_0^\infty \frac{u_m(z)u_n(z)}{\rho(z)} \mathrm{d}z = \delta_{nm} \tag{4-6}$$

式中，δ_{nm} 为狄拉克（Dirac）函数。

接收到的探测信号 $p_r(t)$ 在频域可表示为

$$P_r(\omega) = G_\omega(R; z_{ps}, z_j) \cdot P(\omega) \tag{4-7}$$

式中，$P(\omega)$ 为探测信号 $p(t)$ 的频谱。

SRA 各阵元将接收到的探测信号进行时间反转，即在频域上进行相位共轭处理。设 $p_r(t)$ 长度为 τ，为保证系统的因果性，将其补零至长度 T 后时间反转，时间反转后信号可表示为

$$G_\omega^*(R; z_{ps}, z_j) \cdot \mathrm{e}^{-\mathrm{i}\omega T} \cdot P^*(\omega) \tag{4-8}$$

式中，上标"*"表示相位共轭。

SRA 将时间反转信号再次发射回声场，该过程相当于以 $G_\omega^*(R; z_{ps}, z_j)$ 为声场激励 SRA 各阵元，声场中任意观测点 (r, z) 处的声场 $P_{pc}(r, z)$ 满足以下波动方程：

$$\nabla^2 P_{pc}(r, z) + k^2(z) P_{pc}(r, z) = \sum_{j=1}^J \delta(z - z_j) G_\omega^*(R; z_j, z_{ps}) \tag{4-9}$$

式中，r 为 SRA 到观测点的水平距离；z 为观测点的垂直位置。由格林函数理论可知，式（4-9）是式（4-1）的空间积分。

对离散垂直线列阵，PS 处的声场可表示为

$$P_{pc}(r, z; \omega) = \sum_{j=1}^J G_\omega(r; z, z_j) G_\omega^*(R; z_j, z_{ps}) \tag{4-10}$$

式中，右边项幅度的平方是 Bartlett 匹配场处理器的模糊函数，其中数值由 $G_\omega(R; z_j, z_{ps})$ 决定，参考场由 $G_\omega(r; z, z_j)$ 决定。事实上，相位共轭处理的过程是匹配声场的过程，它是将海洋声信道自身作为参考场的。

为了证明 $P_{pc}(r, z)$ 在点源 PS 处——(R, z_{ps}) 形成聚焦，将式（4-3）代入到式（4-10）中，有

$$P_{pc}(r, z; \omega) \approx \sum_m \sum_n \sum_j \frac{u_m(z)u_m(z_j)u_n(z_j)u_n(z_{ps})}{\rho(z_j)\rho(z_{ps})\sqrt{k_m k_n rR}} \exp\mathrm{i}(k_m r - k_n R) \tag{4-11}$$

利用式（4-6）所示的简正波的正交性，可简化式（4-11）得

$$P_{\text{pc}}(r,z;\omega) \approx \sum_m \frac{u_m(z)u_m(z_{\text{ps}})}{\rho(z_{\text{ps}})k_m\sqrt{rR}} \exp \text{i}k_m(r-R) \tag{4-12}$$

式（4-12）表示相位共轭场中某点的声压。当 $r \neq R$ 时，$P_{\text{pc}}(r,z;\omega)$ 随简正波阶数的变化而有显著变化，当 $r = R$ 时式（4-12）可写为

$$P_{\text{pc}}(r,z;\omega) = \sum_m \frac{u_m(z)u_m(z_{\text{ps}})}{\rho(z_{\text{ps}})k_m R} \tag{4-13}$$

式中，R 为一常数，相对于第 m 号简正波的波数 k_m 亦可近似为一常数，所以可将上式近似为式（4-5），即

$$P_{\text{pc}}(r,z;\omega) \approx \delta(r-R) \cdot \delta(z-z_{\text{ps}}) \tag{4-14}$$

上式说明当 $r = R$、$z = z_{\text{ps}}$ 时，相位共轭场中的原声源 PS 处的声压 $P_{\text{pc}}(r,z;\omega)$ 可近似为 δ 函数，而在其他观测点处，声压值较声源声压会随简正波阶数的变化而有显著下降。

在波导中，简正波分解造成了 TRM 的空间聚焦性随着距离的增加而变宽，这是由于高阶简正波随着传输距离的增加而被衰减掉了，只有保留下来的低阶简正波形成聚焦区域。可见，波导的衰减增加了聚焦的尺寸，减少了有效简正波的数量。

事实上，相位共轭处理的过程是匹配声场的过程[4]，它是将海洋声信道自身作为参考场。当 $r = R$、$z = z_{\text{ps}}$ 时，时间反转声场 $P_{\text{pc}}(R,z_{\text{ps}};\omega)$ 为声场格林函数的频域相位共轭相乘即时域自相关输出，具有相关峰（为 T 时刻）和旁瓣。时间反转阵处理情况下，声源与各传感器间声场结构不同，随阵元传感器数量增加，各时间反转声场相干叠加。如果时间反转阵处理在整个海深范围内采样，则时间反转声场将近似于理想信道，即 $P_{\text{pc}}(R,z_s;\omega)$ 近似于一常数。以上结论证明了相位共轭法的聚焦效应。

4.2.2　时域时间反转镜原理

下面从信道冲激响应函数出发来考察时域中时间反转镜的聚焦特性。

信道具有多途时延扩展的特性，声信号沿不同途径的声线不同时刻到达接收点，总的接收信号是通过接收点的所有声线所传送的信号的干涉叠加，产生复杂的空间滤波特性。多途信道的冲激响应函数 $h_j(t)$ 为

$$h_j(t) = \sum_{i=1}^{N_j} A_{ji}\delta(t-\tau_{ji}) \tag{4-15}$$

式中，参数 N_j 为通过 j 号阵元接收点的本征声线的数量；A_{ji}、τ_{ji} 分别为第 i 途径到达接收点的信号幅度及信号时延。

j 号阵元接收到的信号 $p_{rj}(t)$ 为

$$p_{rj}(t) = p(t)*h_j(t) = \sum_{i=1}^{N_j} A_{ji}p(t-\tau_{ji}) \tag{4-16}$$

由互易原理可知，声源 PS 到 j 号阵元间的声信道冲激响应与 j 号阵元到声源 PS 间的声信道冲激响应是相同的。将 TRM 各阵元接收到的信号时间反转后同时发回声源 PS，j 号阵元的信号时间反转后到达 PS 处为

$$r_j(t) = p_{rj}(-t)*h_j(t) = p(-t)*h_j(-t)*h_j(t) \tag{4-17}$$

式中，$r_j(t)$ 为 j 号阵元时间反转信号到达声源 PS 处的信号，则在原声源处总的接收信号为

$$r(t) = \sum_{j=1}^{J} r_j(t) = p(-t)*\sum_{j=1}^{J} h_j(-t)*h_j(t) \tag{4-18}$$

记

$$p_{\text{TRM}}(t) = \sum_{j=1}^{J} h_j(-t)*h_j(t) \tag{4-19}$$

式中，$p_{\text{TRM}}(t)$ 称为时间反转信道，表示声源 PS 到各阵元之间信道冲激响应函数的自相关函数之和，可近似为 δ 函数，具有相关峰（$t=T$ 时刻）和较低的旁瓣。时间反转镜各阵元相应的时间反转信道的旁瓣出现在不同的位置，这取决于声源与各传感器间不同的多途结构。当大量增加阵元传感器数量时，旁瓣非相干叠加，而所有阵元的最大值在同一时刻（$t=T$）到达并由于相干叠加被增强。因此，如果时间反转镜在整个海深范围内采样，则时间反转声场可用 δ 函数近似，这说明时间反转信道 p_{TRM} 可近似为 δ 函数，即信号通过的最终信道是近似为单途径的，消除了声信道多途干扰。由此，式（4-18）可表示为

$$r(t) \approx p(-t) \tag{4-20}$$

上式表示声源 PS 处最终接收到的信号近似为原发射信号的时间反转，消除了声信道多途扩展产生的码间干扰。

4.3　被动时间反转镜

前面对时间反转镜原理进行了分析介绍，接收端需要收发合置阵来实现时间反转镜处理的技术称为主动式时间反转镜。显然主动式时间反转镜并不适用于水声通信中，因此本节将介绍被动时间反转镜技术[5-6]。

4.3.1　被动时间反转镜原理

在时间反转镜水声通信系统中，发射信号 $s(t)$ 前面通常要加入一个探测信号 $p(t)$，其作用是完成对收发节点间水声信道的估计。时间反转镜水声通信系统接收端通常采用大孔径垂直阵接收信号，第 i 个接收阵元的接收信号可表示为

$$r_i(t) = h_i(t) * s(t) + n(t) \tag{4-21}$$

式中，$h_i(t)$ 为发射端到第 i 个阵元间的水声信道；$n(t)$ 为加性高斯白噪声。设利用探测信号 $p(t)$ 估计得到发射端到第 i 个阵元间的水声信道为 $\hat{h}_i(t)$，则时间反转镜的处理输出结果为

$$
\begin{aligned}
r_{\text{TRM}}(t) &= \sum_{i=1}^{N} \hat{h}_i^*(-t) * r_i(t) \\
&= s(t) * \sum_{i=1}^{N} \hat{h}_i^*(-t) * h_i(t) + n'(t) \\
&= q(t) * s(t) + n'(t)
\end{aligned}
\tag{4-22}
$$

式中，N 为接收阵元个数；$n'(t)$ 为时间反转镜处理噪声分量；$q(t) = \sum_{i=1}^{N} \hat{h}_i^*(-t) * h_i(t)$ 为时间反转镜 Q 函数。可以看到，时间反转镜的性能将由 Q 函数决定。

对 Q 函数做傅里叶变换有

$$
\begin{aligned}
Q(\omega) &= \sum_{i=1}^{N} H_i^*(\omega) H_i(\omega) \\
&= \frac{2\pi}{r_i} \sum_{m,n} e^{j(k_n^* - k_m) r_i} \psi_n(z_s) \psi_m(z_s) \\
&\quad \times \sum_i \psi_n(z_i) \psi_m(z_i) \Big/ \sqrt{k_n k_m}
\end{aligned}
\tag{4-23}
$$

式中，$H_i(\omega)$ 为水声信道的傅里叶变换，以简正波形式表示：

$$H_i(\omega) = \sum_m \sqrt{2\pi} \mathrm{e}^{-\mathrm{j}k_m r_i} \psi_m(z_i)\psi_m(z_s) / \sqrt{k_m r_i} \qquad (4\text{-}24)$$

其中，m 为模数；k_m 为波数；ψ 为本征函数。对于垂直阵有 $r_i = r$，并假设本征函数之间正交：

$$\sum_i \psi_n(z_i)\psi_m(z_i) = \delta_{m,n} \qquad (4\text{-}25)$$

可以得到

$$Q(\omega) = \frac{2\pi}{r}\sum_m \psi_m(z_s)\psi_m(z)\mathrm{e}^{-2\alpha_m r}/k_m \equiv Q_0 \qquad (4\text{-}26)$$

式中，α_m 为模衰减系数。对式（4-26）做逆傅里叶变换有

$$q(t) = \int_{f_c-\frac{B}{2}}^{f_c+\frac{B}{2}} Q_0 \mathrm{e}^{\mathrm{j}\omega t}\mathrm{d}\omega = 2\bar{Q}_0 \mathrm{e}^{(\mathrm{j}2\pi f_c t)}\frac{\sin(\pi B t)}{t} \qquad (4\text{-}27)$$

式中，f_c 为通信载波中心频率；B 为带宽；$\bar{Q}_0$ 为 Q_0 的均值。可以看到，时间反转镜处理得到的 Q 函数近似为一个 sinc 函数，具有较低的旁瓣。采用时间反转镜技术的水声通信系统，等效于发射端到接收端间水声信道变为了 $q(t)$，那么由原始水声信道复杂特性对通信信号的干扰将得到有效抑制，从而水声通信系统性能得到显著提高。因此，在时间反转镜处理中 $q(t)$ 的旁瓣将是我们关注的重点，旁瓣越低时间反转镜处理效果越好。数值仿真分析指出，Q 函数的旁瓣随着接收阵元的增加而降低。图 4-2 通过实际海试接收数据分别给出了单阵元时间反转镜处理和 5 阵元时间反转镜处理 Q 函数对比结果，可以看到 5 阵元时间反转镜处理 Q 函数旁瓣明显低于单阵元时间反转镜处理 Q 函数。另外，值得注意的是两个 Q 函数在观测时间内均十分稳定。

虽然通过上面分析介绍以及实际海试数据结果可知单阵元时间反转镜处理性能不是很理想，但考虑到水声通信系统中设备结构简单以及低功耗的要求，单阵元时间反转镜处理仍然具有一定的实际应用意义。另外，1.1 节中我们指出，对于水声扩频通信系统来说只关注水声信道主要路径，而单阵元时间反转镜处理相当于把水声信道多途结构在时间上进行了压缩，所有主要路径的能量将集中在同一时刻，这一处理结果对于水声扩频通信系统来说已经足够了。因此，单阵元时间反转镜与水声扩频通信的结合可以显著提高系统性能，本章后面讨论的时间反转镜水声扩频通信系统中，如不特殊说明均将采用单阵元时间反转镜处理。

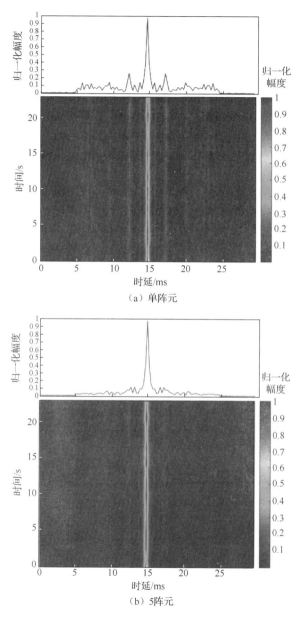

图 4-2　基于实际海试数据的时间反转镜处理 Q 函数（彩图附书后）

4.3.2　基于扩频序列的信道估计

　　时间反转镜技术在实际应用中的关键是能够估计得到水声信道，在移动通信中，接收直扩信号持续时间内的水声信道是时变的[7]，通过探测信号估计得到的信道将不能有效对整个接收信号进行时间反转镜处理。因此，必须对时变水声信道进行有效的跟踪估计才能得到较为理想的时间反转镜处理效果，而直扩信号特有的结构可以很好地完成这一任务。直扩信号的每一个扩频符号持续时间内的信号均是一条完整的已知的扩频序列，因此可以利用该扩频序列进行跟踪估计时变水声信道。

在水声扩频通信中，利用扩频序列进行信道估计的常用方法有：拷贝相关信道估计、自适应信道估计以及最小二乘（least square，LS）信道估计。

拷贝相关信道估计利用本地参考扩频序列与当前扩频符号持续时间信号进行拷贝相关运算，若设 $c(t)$ 为扩频序列的时域波形，则第 n 个扩频符号持续时间接收信号为（水声信道采用相干多途信道模型）

$$r_n(t) = d_n c(t) * h_n(t) + n(t)$$
$$= d_n \sum_{i=1}^{L} A_i c(t - \tau_i) + n(t) \tag{4-28}$$

式中，L 为相干多途信道路径条数；A_i 为每条路径衰减量；τ_i 为每条路径时延。则 $r_n(t)$ 与本地扩频序列 $c(t)$ 相关后的输出为

$$R(\tau) = \left| \int r_n(t) c(t + \tau) \mathrm{d}t \right|$$
$$= \left| d_n \sum_{i=1}^{L} \rho(\tau - \tau_i) + n'(t) \right| \tag{4-29}$$

式中，$|\cdot|$ 表示取模运算；$\rho(\tau)$ 为扩频序列自相关函数；$n'(t)$ 为扩频序列与噪声相关后的干扰分量，可视为小量忽略。由此可知，在相干多途信道中，由于扩频序列的自相关函数主瓣较为尖锐，旁瓣远远低于主瓣，则拷贝相关器的输出是多峰的，可以分辨水声信道不同途径的时延差。因此，可通过设定门限，选择过门限的一系列相关峰作为当前扩频符号持续时间信号内水声信道的估计。

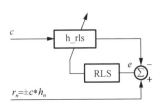

图 4-3　自适应信道估计原理图

自适应信道估计原理如图 4-3 所示。本地参考扩频序列进入自适应横向滤波器，接收到的第 n 个扩频符号持续时间信号作为期望信号，基于最小均方误差准则，通过自适应算法完成信道估计。当自适应系统输出的最小均方误差收敛时，自适应横向滤波器的权系数即为对当前扩频符号持续时间内水声信道的估计值。与拷贝相关信道估计不同，自适应信道估计是在基带进行的，而拷贝相关信道估计既可以在基带进行又可以在通带进行。

LS 信道估计利用最小二乘准则完成信道估计。设在时间指数为 k 时，接收信

号为 $r^{\mathrm{T}} = [r_k \quad r_{k+1} \quad \cdots \quad r_{k+\mathrm{Ld}-1}]$，其中 Ld 为数据长度，则接收信号可以以向量形式给出：

$$r = Sh + n \tag{4-30}$$

式中，$h^{\mathrm{T}} = [h_0 \quad h_1 \quad \cdots \quad h_{L-1}]$ 为水声信道；$n^{\mathrm{T}} = [\eta_k \quad \eta_k \quad \cdots \quad \eta_{k+\mathrm{Ld}-1}]$ 为噪声干扰；

$$S = \begin{bmatrix} s_k & s_{k-1} & \cdots & s_{k-L+1} \\ s_{k+1} & s_k & \cdots & s_{k-L+2} \\ \vdots & \vdots & \ddots & \vdots \\ s_{k+\mathrm{Ld}-1} & s_{k+\mathrm{Ld}-2} & \cdots & s_{k-L+\mathrm{Ld}} \end{bmatrix} \tag{4-31}$$

则利用最小二乘法即可得到估计信道 $\hat{h}$：

$$\hat{h} = \arg\min_{h}\left\{\left|r - Sh\right|^2\right\} \tag{4-32}$$

以上三种方法得到的估计信道均可作为时间反转信道对当前扩频符号持续时间信号进行时间反转镜处理，自适应信道估计和 LS 信道估计在高信噪比条件下对信道估计效果较好，在时间反转镜处理时不仅可以压缩多途干扰还可以补偿部分相位，而拷贝相关信道估计则在信噪比较低的情况下具有一定优势。

利用本地参考扩频序列去估计当前扩频符号持续时间内的信道时，估计得到的信道将包含发送信息，即 $\hat{h} = \pm h$。显然，传统的匹配相关解扩方法无法应用上述估计信道进行时间反转镜处理，因为会引入符号干扰。但是本书提出差分能量检测器、差分相关检测器、改进差分能量检测器和双差分相关检测器将不受这一影响，因为通过它们的推导公式可以看出检测器最终的输出项水声信道部分都是偶次幂的形式，因此估计信道中包含的符号将不会对最终解码产生影响。

对于基于扩频序列的多普勒估计算法，在两条序列相关运算前分别估计它们对应的水声信道并进行时间反转镜处理，这样可有效避免信道时变特性对估计结果带来的影响。

4.4　自适应时间反转镜

在目标探测领域中，波束形成算法是常用的信号处理手段。当存在干扰的情况下，固定波束形成无法根据环境的变化自适应调整权矢量，在干扰方向不能自适应地形成足够深的零点，因而强干扰不能得到充分抑制，从而影响检测的性能。为此研究者提出了最小方差无畸变响应（minimum variance distortionless response, MVDR）波束形成等自适应算法，导向矢量为期望目标来波方向，从而在干扰用户处形成深度衰落的零点,并在此基础上针对宽带的系统提出了宽带 MVDR 波束形成的方法。在水声通信中,借鉴宽带 MVDR 原理,学者提出了自适应时间反转镜技术[8-9]。传统的被动时间反转镜技术在每个阵元上估计信道,然后通过将接收数据与时间反转镜信道卷积的方法抑制信道多途和多址干扰,如式(4-22)描述。而自适应被动时间反转镜在频域进行计算,然后通过逆快速傅里叶变换(inverse fast Fourier transform, IFFT)转化到时域求解最佳权系数。

考虑两个用户情况,假设 H_j 为用户 j 到各阵元信道在频域的表示,则

$$H_1 = \begin{bmatrix} H_1^1(f) \\ \vdots \\ H_N^1(f) \end{bmatrix}, \quad H_2 = \begin{bmatrix} H_1^2(f) \\ \vdots \\ H_N^2(f) \end{bmatrix} \tag{4-33}$$

式中,$H_i^j(f) = \begin{bmatrix} H_{i0}^j(f) & H_{i1}^j(f) & \cdots & H_{iL-2}^j(f) & H_{iL-1}^j(f) \end{bmatrix}$ 为用户 j 到第 i 个阵元的信道,其中信道长度为 L。则时域接收信号模型在频域可以表示为

$$Y = H_1 X_1 + H_2 X_2 \tag{4-34}$$

式中,X_1 和 X_2 分别为用户 1 和用户 2 的发送数据。假设 W 为要求解的权向量,即用于合并各用户数据的空间滤波器系数,则对于用户 1,有

$$Y_1 = W_1^{\mathrm{H}} Y = W_1^{\mathrm{H}} H_1 X_1 + W_1^{\mathrm{H}} H_2 X_2 \tag{4-35}$$

式中,上标"H"表示共轭转置运算。传统的时间反转镜 $W_1 = H_1$,$H_1^{\mathrm{H}} H_2$ 即为用户间的干扰。自适应被动时间反转镜采用下式为约束条件

$$\begin{cases} \min_{W} W_1^{\mathrm{H}} R W_1 \\ \text{s.t.} \, W_1^{\mathrm{H}} H_1 = 1 \end{cases} \tag{4-36}$$

上述约束条件下最优权可以通过构造拉格朗日代价函数的方法来求解,最终求得的最优权值为

$$W_1 = \frac{R^{-1} H_1}{H_1^{\mathrm{H}} R^{-1} H_1} \tag{4-37}$$

式中,R 为信道 H_1 和 H_2 的互谱密度矩阵且 $R = H_1 H_1^{\mathrm{H}} + H_2 H_2^{\mathrm{H}} + \sigma^2 I$,$\sigma$ 为一小量,I 为单位矩阵。W_1 经过 IFFT 变换后就可以变成时域的最优权系数 $w_i^1(t)$,同理对于用户 2,有

$$W_2 = \frac{R^{-1} H_2}{H_2^{\mathrm{H}} R^{-1} H_2} \tag{4-38}$$

可以定义

$$\tilde{q}_{mn}(t) = \sum_{i=1}^{N} h_i^n(t) * w_i^m(-t) \tag{4-39}$$

$\tilde{q}_{mn}(t)$ 即为通过自适应被动时间反转镜方法计算的用户 m 与用户 n 间的干扰量。

4.5　时间反转镜水声扩频通信

前面分析指出，为了尽量创造"载波相位跳变缓慢变化"这一条件，在设计扩频系统时应尽量缩短扩频符号持续时间。但在水声信道多途扩展的影响下缩短扩频符号持续时间将使得接收信号所受到的扩频符号间干扰增加，从而影响两种检测器解码性能。采用时间反转镜技术可有效抑制直扩信号中的多途扩展干扰。时间反转镜水声扩频通信系统框图如图 4-4 所示，该框图也同样适用于本书给出的所有水声扩频通信系统。图 4-5 给出了差分能量检测器和差分相关检测器在被动时间反转镜处理前后的性能对比（扩频序列采用周期为 31 的 m 序列），可以看

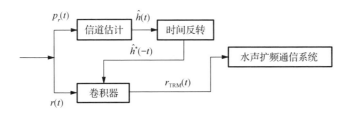

图 4-4　时间反转镜水声扩频通信系统框图

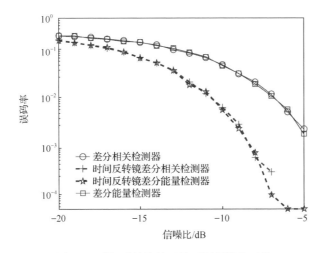

图 4-5　时间反转镜处理前后解码性能对比

到单阵元时间反转镜处理后性能明显提升。时间反转镜在移动直扩水声通信中的应用总结如下：利用本地扩频序列和当前扩频符号持续时间信号进行信道估计，得到估计信道。利用估计信道对将要进入检测器的信号（双差分相关检测器要三个扩频符号持续时间信号，其余为两个）进行时间反转镜处理。

3.3.3 小节中对解差分扩频检测器的讨论分析中并没有考虑水声信道的影响，下面将对此进行讨论。通过讨论分析将看到，水声信道的多途扩展干扰严重影响着解差分扩频检测器的性能，因此解差分扩频检测器的应用必须结合时间反转镜处理。为方便说明，下面对信号的讨论将以连续信号形式给出，水声信道采用相干多途信道模型。

当考虑水声信道影响时，直扩系统接收端的第 n 个扩频符号持续时间信号为（暂不考虑噪声干扰）

$$
\begin{aligned}
r_n(t) &= s_n(t) * h_n(t) \\
&= \sum_{i=1}^{L_n} A_{n,i} s(t - \tau_{n,i})
\end{aligned}
\tag{4-40}
$$

式中，$s_n(t)$ 为直扩系统第 n 个扩频符号持续时间的发送信号时域波形；$h_n(t)$ 为接收信号的第 n 个扩频符号持续时间内对应的水声信道，在此持续时间内认为信道是时不变的；L_n、$A_{n,i}$ 和 $\tau_{n,i}$ 分别表示信道多径条数、每条路径的衰减系数和每条路径的时延。若假设 $h_n(t)$ 中第一条路径为直达声，则解差分扩频检测器解差分后的输出为

$$
\begin{aligned}
r(t) \cdot r(t - T_c) &= \sum_{i=1}^{L} A_i s(t - \tau_i) \cdot \sum_{j=1}^{L} A_j s(t - \tau_j - T_c) \\
&= A_1^2 s(t - \tau_1) s(t - \tau_1 - T_c) + \sum_{i=1}^{L} A_i s(t - \tau_i) \cdot \sum_{i=1}^{L} A_i s(t - \tau_i - T_c)
\end{aligned}
\tag{4-41}
$$

式中，第一项为期望项；第二项为多途扩展干扰项。可以看到解差分的过程将多途扩展干扰变得更加复杂，这将严重影响解码性能。在解差分运算前利用时间反转镜处理对多途扩展信道实现时间上的压缩，同时提供时间反转镜处理增益。时间反转镜的加入将有效改善解差分扩频检测器在解差分过程中引入的自干扰。

由于解差分扩频检测器对发射端扩频后的序列进行了差分编码，因此发射的直扩信号每个扩频符号持续时间内的差分扩频序列将不唯一。但通过式（2-8）可知差分编码后每个扩频符号持续时间内对应的差分扩频序列有两种，记为 code1 和 code2。因此在接收端对当前扩频符号持续时间信号利用本地参考序列进行信道估计时所采用的本地序列将不是扩频序列，而是差分编码后的扩频序列 code1 和

code2 。在信道估计前，首先将接收信号分别与code1和code2进行相关运算，输出能量大的将作为当前扩频符号的信道估计序列。另外，由于时间反转镜处理后会引入符号干扰，因此解差分扩频检测器的后续解扩部分将采用差分能量检测器进行解码。

图4-6通过仿真给出了时间反转镜处理前后解差分扩频检测器解码性能对比，仿真中扩频序列选用周期为 31 的 m 序列，采用单阵元时间反转镜处理。可以看到时间反转镜处理后解差分扩频检测器的解码性能得到了明显的提升。但单阵元时间反转镜处理后的解码性能要比无多途干扰时解码性能差，这是因为单阵元时间反转镜处理得到的 Q 函数仍然具有较高的旁瓣（与多阵元 Q 函数相比），因此增加接收阵元数量可进一步提高解差分扩频检测器的解码性能。

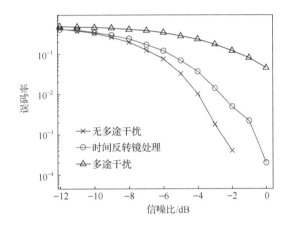

图 4-6　解差分扩频检测器时间反转前后性能对比

由 2.2.2 小节分析循环移位能量检测器性能可知，循环移位能量检测器对多途扩展十分敏感，时间反转镜处理可有效改善多途扩展对循环移位能量检测器的影响。图 4-7 给出了单阵元时间反转镜处理结果图，可以看到单阵元时间反转镜处理得到的 Q 函数具有尖锐的主峰和较低的旁瓣。

因此，在多途干扰条件下，经过时间反转镜处理后的循环移位能量检测器的输出能量向量为

$$
\begin{aligned}
\boldsymbol{y}[m] &= \left| \boldsymbol{r}_{\mathrm{TRM}}^{\mathrm{T}} \boldsymbol{K}^m \boldsymbol{c} \right|^2 \\
&= \left| \boldsymbol{c}^{\mathrm{T}} \boldsymbol{K}^{N[i]-m} \boldsymbol{c} + \boldsymbol{z}'' + \boldsymbol{\Gamma} \right|^2
\end{aligned} \tag{4-42}
$$

式中，$\boldsymbol{z}''$ 为扩频处理后的噪声分量；$\boldsymbol{\Gamma}$ 为 Q 函数旁瓣经过扩频处理后的干扰分量。

由前面分析可知 z'' 和 $\varGamma$ 均为小量，使得循环移位能量检测器输出能量向量只有单个峰值。图 4-8 给出了在多途干扰条件下时间反转镜处理前后循环移位能量检测器的仿真输出结果，仿真中扩频序列选用周期为 31 的 m 序列，接收信噪比为 5dB。图 4-8（a）验证了式（2-34）的分析结果，在多途干扰条件下循环移位能量检测器的输出能量向量信号是多峰的，这将严重影响检测器解码性能；图 4-8（b）为单阵元时间反转镜处理后的循环移位能量检测器输出结果，可以看到此时输出的能量信号为单峰，时间反转镜处理有效抑制了多途扩展的干扰。图 4-9 给出了循环移位扩频系统和时间反转镜循环移位扩频系统的性能对比，可以看到时间反转镜处理显著提高了系统性能。

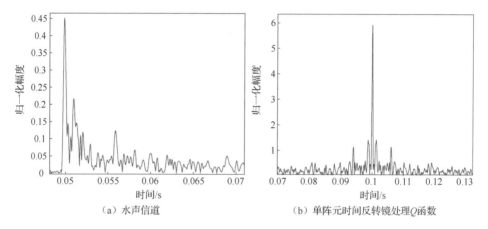

（a）水声信道   （b）单阵元时间反转镜处理 Q 函数

图 4-7   单阵元时间反转镜处理结果

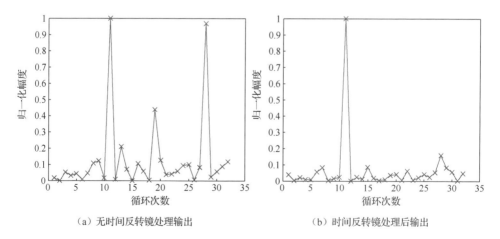

（a）无时间反转镜处理输出   （b）时间反转镜处理后输出

图 4-8   循环移位能量检测器输出结果

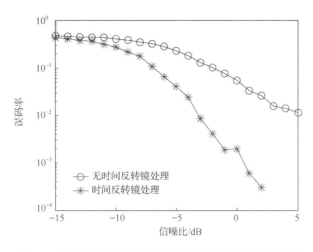

图 4-9　时间反转镜处理前后循环移位扩频系统性能对比

图 4-10 给出了移动条件下时间反转镜 M 元扩频通信系统原理框图。由于 M 元扩频信号每个扩频符号持续时间内对应的扩频序列不同,接收端无法判断选择哪条参考序列进行信道估计。因此,接收端通过估计上一个已检测的扩频符号持续时间信号内的信道来作为下一个扩频符号持续时间信号的时间反转镜处理信道,从而完成对时变信道的时间反转镜处理。当上一个扩频符号持续时间信号检测出现差错时,信道估计必然是错误的,而利用错误的估计信道进行时间反转镜处理必然使得下一个扩频符号持续时间信号的检测出现差错,这样就导致了误差累积。在实际应用中,可以通过将估计得到的信道与上一个估计信道进行相关运算,通过比较相关系数来决定是否进行估计信道更新。

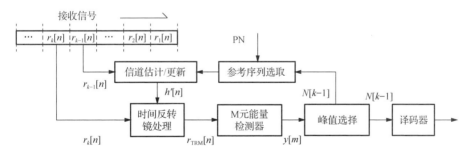

图 4-10　时间反转镜 M 元扩频通信系统原理框图

2020 年,作者所在课题组第十一次北极科考中进行了时间反转镜水声扩频通信的试验研究,试验海域的平均深度约为 700m,为方便说明将本次试验命名为 ExBJ11。图 4-11 给出了 ExBJ11 的试验布局示意图,发射端采用 2～8kHz 的发射换能器，布放深度约为水下 40m。接收端使用阵元间距为 2m 的 8 元接收阵，布放在深度为 36~50m 的范围内。本次试验的主要系统参数为：带宽 6kHz，载波中心频率 5kHz，扩频序列采用周期为 127 的 m 序列，试验中共发送 200bit 二进制信息，信息映射方式为 BPSK。

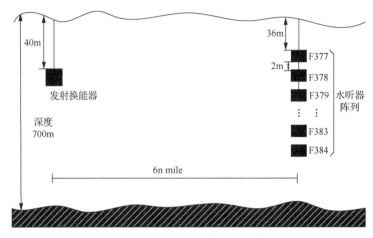

图 4-11　ExBJ11 试验布局示意图

　　图 4-12 给出了 ExBJ11 试验其中四个水听器接收信号的水声信道估计结果，可以看出，发射端到达四个水听器的信号大致相同，其中 F379 的信道结构相对复杂，具有明显的多条到达途径。图 4-13 展示了 F379 水听器接收信号采用单阵元时间反转镜处理前后解码效果图，可以看出：受多径信道影响，时间反转镜处理前能量检测器的输出具有较高的旁瓣；时间反转镜处理后，多径信道被压缩，信噪比提升，能量检测器的输出具有明显的峰值，且相比于时间反转镜处理前明显增强。

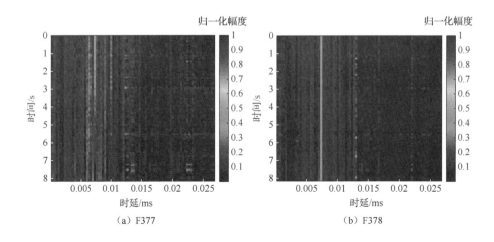

（a）F377　　　　　　　　　　　　　　　　　（b）F378

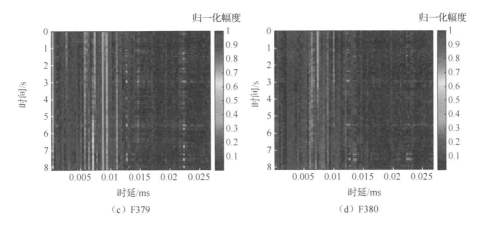

图 4-12　ExBJ11 试验实测信道（彩图附书后）

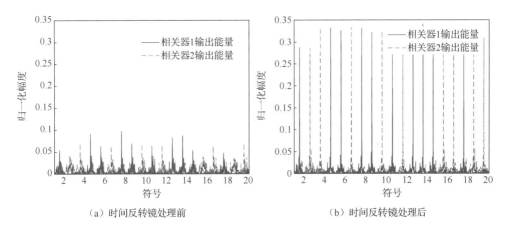

图 4-13　F379 水听器接收信号采用单阵元时间反转镜处理前后解码效果图

根据 4.3 节的分析可知，多阵元时间反转镜处理得到的 Q 函数具有比单阵元时间反转镜处理更低的旁瓣。图 4-14 所示为 F377～F380 水听器接收信号采用多阵元时间反转镜处理后解码效果图，可以看出，相比于单阵元处理获得了更高的处理增益，能量检测器输出的幅度进一步提高。因此，当水声信道的多途结构较为复杂时，差分能量检测器性能下降，而经过多阵元时间反转镜处理可以显著提高扩频通信系统的解码性能。

2022 年 6 月，作者所在课题组在南海海域进行了 M 元水声扩频通信试验，试验海域平均深度为 2400m，为方便说明将本次试验命名为 ExSo22。ExSo22 试验中发射端采用 3～5kHz 的发射换能器，布放深度约为水下 300m。接收端使用自容式水听器进行数据采集，布放在深度约为 2300m，发射端距接收端约 30km。本次试验的主要系统参数为：带宽 2kHz，载波中心频率 4kHz，扩频序列采用周期为 64 的正交组合序列，M 元扩频调制阶数为 32，信息映射方式为 BPSK。图 4-15 给出了试验当天实测声速梯度分布，可以看到声速随深度呈先减小后增大的分布，近似为深海声速剖面。

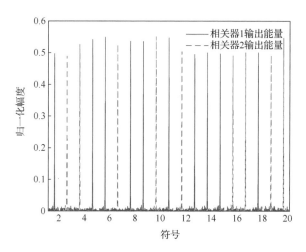

图 4-14　F377～F380 水听器接收信号采用多阵元时间反转镜处理后解码效果图

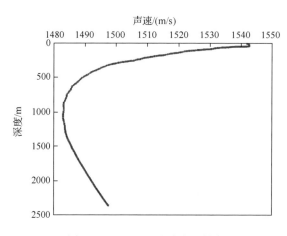

图 4-15　ExSo22 试验声速梯度

图 4-16 给出了 ExSo22 试验实测水声信道，可以看出，测得的水声信道多径结构明显，最大多途时延可达 45ms，且具有一定的时变特性。图 4-17 所示为时

间反转镜处理前后对其中一个符号进行匹配相关得到的输出结果，在多途干扰条件下该符号的匹配输出存在较高的旁瓣，而经过单阵元时间反转镜处理后，多途扩展被压缩，匹配相关峰值提高。图 4-18 给出了时间反转镜处理前后 M 元能量检测器的输出结果，由于存在失配问题，时间反转镜处理前 M 元能量检测器的输出能量较低，且峰值不明显，而时间反转镜处理后 M 元能量检测器的输出能量大幅提高，具有较高的主旁瓣比。最终的误码率统计结果为：时间反转镜处理前的误码率为 3.8%（19/500），时间反转镜处理后的误码率为 0（0/500）。由此可见，时间反转镜处理显著提高了 M 元扩频通信系统的性能。

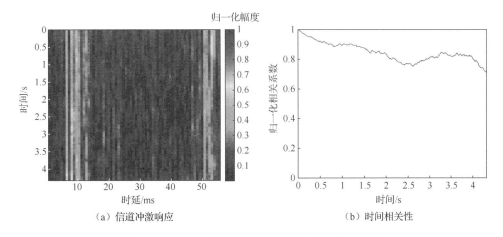

（a）信道冲激响应　　　　　　　　　（b）时间相关性

图 4-16　ExSo22 试验实测水声信道（彩图附书后）

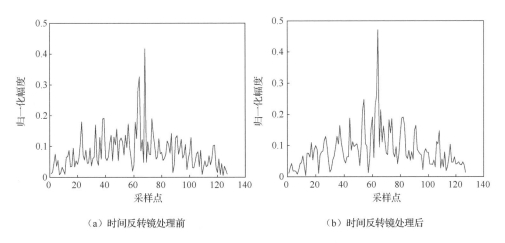

（a）时间反转镜处理前　　　　　　　　（b）时间反转镜处理后

图 4-17　时间反转镜处理前后匹配相关输出对比

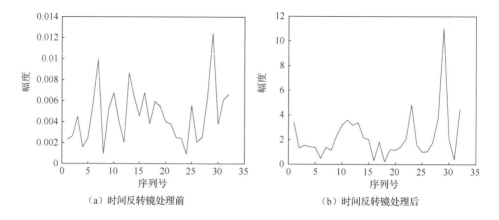

（a）时间反转镜处理前　　　　　　　　　　（b）时间反转镜处理后

图 4-18　时间反转镜处理前后 M 元能量检测器输出对比

参 考 文 献

[1]　Song H C, Kuperman W A, Hodgkiss W S. A time-reversal mirror with variable range focusing[J]. Journal of the Acoustical Society of America, 1998, 103(6): 3234-3240.

[2]　Hodgkiss W S, Song H C, Kuperman W A, et al. A long-range and variable focus phase-conjugation experiment in shallow water[J]. Journal of the Acoustical Society of America, 1999, 105(3): 1597-1604.

[3]　Song H C, Kuperman W A, Hodgkiss W S, et al. Iterative time reversal in the ocean[J]. Journal of the Acoustical Society of America, 1999, 105(6): 3176-3184.

[4]　Yang T C. Temporal resolutions of time-reversal and passive-phase conjugation for underwater acoustic communications[J]. IEEE Journal of Oceanic Engineering, 2003, 28(2): 229-245.

[5]　殷敬伟, 惠俊英. 时间反转镜分类研究及其在水声通信中的应用[J]. 系统仿真学报, 2008, 20(9): 2449-2453.

[6]　Song A J, Badiey M, Newhall A E, et al. Passive time reversal acoustic communications through shallow-water internal waves[J]. IEEE Journal of Oceanic Engineering, 2010, 35(4): 756-765.

[7]　韩笑, 殷敬伟, 于歌, 等. 时变信道下的被动时间反转水声通信技术研究[J]. 声学技术, 2016, 35(6): 216-219.

[8]　Song H C. Equivalence of adaptive time reversal and least squares for cross talk mitigation[J]. Journal of the Acoustical Society of America, 2014, 135(3): EL154-EL158.

[9]　Song H C, Kim J S, Hodgkiss W S, et al. Crosstalk mitigation using adaptive time reversal[J]. Journal of the Acoustical Society of America, 2010, 127(2): EL19-EL22.

第5章　码分多址水声通信技术

水声通信发展前景是由活动和静止节点共同构成的水声通信网，发展物理层的多址通信技术迫在眉睫。频分多址（FDMA）、时分多址（TDMA）和码分多址（CDMA）是无线通信系统中常用的三种多址技术[1-2]。本章将首先介绍这三种多址通信技术的基本原理及特点，重点分析具有水声特色的码分多址通信技术。针对多址干扰抑制问题，介绍置零干扰抵消技术、矢量信号处理技术等。

5.1　多址通信技术

在 TDMA 系统中，每个用户占用频带资源的时间是按照时隙分配的。在每个时隙中只有一个用户允许被发送或接收。图 5-1 给出了 TDMA 系统工作方式，可以看到所有用户共享同一频带，各个用户的信道实际上通过时间循环重复分割开来。在时分多址系统中，各个用户都是在各自不同且无干扰的信道中工作，这一特征可利用信号空间语言描述为：各个用户的发射信号在信号空间相互正交。

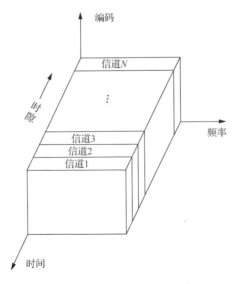

图 5-1　TDMA 系统工作方式

在 TDMA 系统中两个用户的信号正交定义为它们之间的相关函数或内积等于 0, 即

$$\langle s_1 \cdot s_2 \rangle = \int_0^\infty s_1(t)s_2^*(t)\mathrm{d}t = 0 \tag{5-1}$$

显然, 在 TDMA 系统中, 为了保证各个用户的信号的正交性, 需要在时隙间插入保护间隔。保护间隔的作用是保证任意两个相邻用户的发射信号不会在同一时刻取非零值, 即对任意 t 都有 $s_1(t)s_2^*(t) = 0$。

FDMA 系统将通信系统中的总频带划分为若干个等间隔的频带并分配给不同用户。图 5-2 给出了 FDMA 系统的工作方式, 可以看到各个用户在任意时间内都可以发射自己的信号, 但它们所占用的频带不同。FDMA 系统要求不同用户的发射信号在频域上相互正交, 若 $S_1(f)$ 和 $S_2(f)$ 分别为两个用户的时域信号 $s_1(t)$ 和 $s_2(t)$ 的频域形式, 则有

$$\langle S_1 \cdot S_2 \rangle = \int_{-\infty}^{+\infty} S_1(f)S_2^*(f)\mathrm{d}f = 0 \tag{5-2}$$

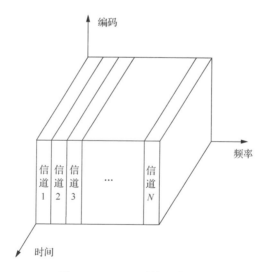

图 5-2　FDMA 系统工作方式

为了保证 FDMA 系统中各个用户的频带互补交叠, 通常要在各个频带之间插入保护频带。因此, 两个用户的信号在频域上的任何一个频率均不可能同时取非零项, 从而保证了式 (5-2) 成立。

TDMA 系统和 FDMA 系统中通过插入保护间隔或保护频带的方法来使得不同用户信号在时域或频域不重叠, 从而避免任意相邻信道之间的干扰。CDMA

系统中任意两个用户的信号在时域和频域都是重叠的，好在即使在时域和频域都重叠的信号也是容易正交的。

图 5-3 给出了 CDMA 系统的工作方式。

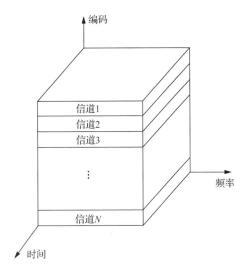

图 5-3　CDMA 系统工作方式

在 CDMA 系统中，所有用户的信号在时域和频域上都是重叠的，系统通过分配给不同用户相互正交的特征波形来区分各个用户，若两个用户的特征波形分别为 $s_1(t)$ 和 $s_2(t)$，则有

$$\langle s_1 \cdot s_2 \rangle = \int_0^T s_1(t)s_2(t)\mathrm{d}t = 0 \tag{5-3}$$

K 个用户的同步 CDMA 高斯白噪声信道的基本数学模型为

$$r(t) = \sum_{k=1}^{K} A_k a_k s_k(t) + n(t), \quad t \in [0,T] \tag{5-4}$$

式中，A_k 为第 k 个用户的接收信号幅度；$s_k(t)$ 为分配给第 k 个用户的特征波形；T 为码元间隔；$a_k \in \{-1,+1\}$ 为用户 k 的发射比特数据；$n(t)$ 为高斯白噪声。

在异步 CDMA 系统中，各个用户的发送数据在时间上存在偏移 τ_K（为方便讨论假设 $\tau_1 < \tau_2 < \cdots < \tau_K$），则异步 CDMA 系统高斯白噪声信道基本数学模型为

$$r(t) = \sum_{i=0}^{M-1} \sum_{k=1}^{K} A_k a_k[i] s_k(t - iT - \tau_k) + n(t) \tag{5-5}$$

式中，$a_k[i]$ 为第 k 个用户的发送比特串；M 为每个用户的发射数据长度。异步 CDMA 数学模型具有广泛代表性，其中的所有用户发送时间偏移相等，即 $\tau_1 = \tau_2 = \cdots = \tau_K$，则式（5-5）将退化为同步 CDMA 系统模型。而从另一个角度看，若把式（5-5）中的每个比特 $\{a_k[i],\ k = 1, \cdots, K,\ i = 0, \cdots, M-1\}$ 看成来自同步系统中不同用户发射的比特，其比特间隔为 $[0, MT - T + \tau_K]$，则式（5-5）给出的异步 CDMA 系统模型可视为同步 CDMA 系统的一种特殊情况，即可认为是一个共有 MK 个虚拟用户的同步 CDMA 系统。从这个意义上讲式（5-4）为同步模型的一种典范模型。

CDMA 系统的特点如下：

（1）CDMA 系统中，增加用户数量只会线性增加系统噪声，具有软容量特点，而 FDMA 系统和 TDMA 系统对用户数量有绝对限制。用户的增加会使所有用户的信号质量下降，反之会使得所有用户的信号质量提高。

（2）CDMA 系统具有其特有的干扰，称之为多址干扰。

（3）CDMA 系统容易受到远近效应的影响。

5.2 DS-CDMA 水声通信系统

在 DS-CDMA 系统中为各个用户分配不同特征波形的扩频序列，不同的扩频序列之间并非严格满足式（5-3）给出的正交条件。事实上不同扩频序列之间是准正交的关系，即

$$\rho_{ij}(\tau) = \frac{1}{T} \int_0^T c_i(t) c_j(t+\tau) \mathrm{d}t \begin{cases} = 1, & i = j \\ \ll 1, & i \neq j \end{cases} \tag{5-6}$$

式中，$c_i(t)$ 为扩频序列时域波形。注意到，DS-CDMA 系统所面临的主要干扰正是由扩频序列之间并非严格的正交导致的，下面将会对此进行分析。

假设对用户 1 进行解码并已对其完成同步，即 $\tau_1 = 0$。则可知接收机输出信号为［DS-CDMA 系统接收模型已在式（5-5）中给出］

$$y_i(t) = \frac{1}{T} \int_{iT}^{(i+1)T} r(t) c_1(t - iT) \mathrm{d}t$$

$$= A_1 a_1[i] + \frac{1}{T} \sum_{k=2}^{K} A_k a_k[i] \int_{iT}^{(i+1)T} c_k(t - iT - \tau_k) c_1(t - iT) \mathrm{d}t + n'(t) \tag{5-7}$$

式中，A_k 为第 k 个用户的接收信号幅度；$n'(t)$ 为高斯白噪声与扩频序列相关运算

后的噪声干扰项，可认为小量忽略不计；$c_k(t)$ 为第 k 个用户对应扩频序列的时域波形；τ_k 为各个用户的延迟。式（5-7）输出结果中，第一项为期望项，通过对其进行符号判决即可完成对用户 1 的解码；第二项称为多址干扰，由于扩频序列之间是准正交的，因此在 DS-CDMA 系统中多址干扰一定存在，且随着系统中用户数量的增加而增大。可以看到在 DS-CDMA 系统中，多址干扰是主要干扰项，它限制了 DS-CDMA 系统中用户的数量。

若在 DS-CDMA 系统中各个用户发送数据对应的水声信道为 $h_k(t)$（为方便分析说明，假设 $h_k(t)$ 为时不变的相干多途信道），则异步 DS-CDMA 系统水声信道的数学模型为

$$
\begin{aligned}
r(t) &= \sum_{i=0}^{M-1}\sum_{k=1}^{K} \mathrm{e}^{\mathrm{j}\varphi_{k,i}} a_k[i] c_k(t-iT) * h_k(t) + n(t) \\
&= \sum_{i=0}^{M-1}\sum_{k=1}^{K}\sum_{m=1}^{L_k} \mathrm{e}^{\mathrm{j}\varphi_{k,i}} A_{k,m} a_k[i] c_k(t-iT-\tau_{k,m}) + n(t)
\end{aligned}
\tag{5-8}
$$

式中，L_k、$A_{k,m}$ 和 $\tau_{k,m}$ 分别为相干多途信道 $h_k(t)$ 的路径条数、每条路径的幅度和每条路径的延迟；$\varphi_{k,i}$ 为第 k 个用户的第 i 个码元内的载波相位跳变。可以看到，水声信道的多途扩展干扰也可视为一非同步的 CDMA 信道。因此，K 用户的异步 CDMA 水声信道系统相当于 $\sum L_k$ 个用户的异步 CDMA 高斯信道系统，即相当于直接增加了多址干扰，从而降低了各个用户的解码性能。

上面的讨论并没有考虑 A_k 或者说假设 $A_1 \approx A_2 \approx \cdots \approx A_K$。在实际通信中，由于不同用户分布在不同空间位置，因此若各个用户均以相同功率发送各自信号，它们各自到达主节点的信号功率将出现很大差异。例如距离主节点近的用户在接收端的信号功率将大于距离主节点远的用户，此时将可能出现 $A_k \gg A_1$ 的情况，那么多址干扰的功率将远超过期望项输出功率并导致接收端出现误码，这种由于不同用户与主节点距离不同导致的各个用户在接收端接收信号功率出现差异的现象称为远近效应。远近效应将使得 DS-CDMA 系统中的多址干扰变得更加复杂，从而进一步限制了 DS-CDMA 系统的性能。远近效应问题将在 5.3 节讨论，因此本节的讨论分析中假设 DS-CDMA 系统各个用户接收信号功率相等。

本章之前提出的直扩系统接收机算法同样可以在 DS-CDMA 系统中应用。以差分相关检测器为例，在完成对期望用户同步后差分相关检测器即可对其进行解码，同时将非期望用户视为噪声干扰，下面通过公式进行具体说明。

假设用户 1 为期望用户，则对用户 1 进行同步处理后将接收信号以每两个扩频符号持续时间为单位送入差分相关检测器，则差分相关检测器的输出为

$$
y_n(t) = \mathrm{Re}\left\{ \langle r_{n-1}(t) \cdot c_1(t) \rangle \cdot \langle r_n(t) \cdot c_1(t) \rangle^* \right\}
\tag{5-9}
$$

式中，$\langle\cdot\rangle$ 表示相关运算；$r_n(t)$ 为经过对期望用户同步后接收信号第 n 个扩频符号周期内的信号，因此有

$$
\begin{aligned}
\langle r_n(t)\cdot c_1(t)\rangle &= \frac{1}{T}r_n(t)*c_1^*(-t) \\
&= \frac{1}{T}\sum_{k=1}^{K}\mathrm{e}^{\mathrm{j}\varphi_{k,n}}d_k[n]c_k(t)*h_k(t)*c_1^*(-t)+n'(t) \\
&= \mathrm{e}^{\mathrm{j}\varphi_{1,n}}d_1[n]\rho_{1,1}(t)*h_1(t)+\sum_{k=2}^{K}\mathrm{e}^{\mathrm{j}\varphi_{k,n}}d_k[n]\rho_{k,1}(t)*h_k(t)+n'(t)
\end{aligned}
\tag{5-10}
$$

式中，第二项为多址干扰项，由式（5-6）可知，在用户数量一定时可与噪声项一同认为是小量；$d_k[n]=d_k[n-1]a_k[n]$ 表示第 k 个用户的差分信息序列。因此，式（5-9）可整理为

$$
y_n(t)=a_k[n](\rho_{11}(t)*h_{11})^2+\varDelta_{\mathrm{MAI}}+n''(t)
\tag{5-11}
$$

式中，$\varDelta_{\mathrm{MAI}}$ 定义为差分相关检测器对期望用户解码输出的多址干扰；$n''(t)$ 为差分相关检测器解码输出的噪声干扰项。可以看到，差分相关检测器在对期望用户解码时，将非期望用户视为噪声处理，因此其解码性能将直接受到系统用户数量的影响。

差分能量检测器、改进差分能量检测器以及双差分相关检测器均可应用在 DS-CDMA 系统中作为接收端解码算法，由于它们在 DS-CDMA 系统中应用原理相似，这里不再赘述。

需要说明的是，解差分扩频检测器将不再适合应用在 DS-CDMA 系统中。事实上，通过 3.3 节对解差分扩频检测器的分析可知解差分扩频检测器对多途扩展干扰十分敏感，而多途扩展干扰模型实际上就是异步码分多址模型［式（5-8）］。因此，对多途扩展产生"虚拟用户"十分敏感的解差分扩频检测器将不再适用 DS-CDMA 系统。

5.3 多址置零干扰抵消技术

5.2 节在讨论 DS-CDMA 水声通信系统中假设各个用户的发送信号到达接收端时的功率近似相等，并没有考虑远近效应问题。然而，在实际应用中远近效应是一定存在的，在对接收功率较小的用户进行解码时接收功率较大的用户将作为强干扰严重影响接收机解码性能。在无线电通信中通常采用功率控制来解决远近效应的问题，以保证各个用户到达接收端的功率近似相等。然而由于声速较慢，在水声通信中采用功率控制的方法效率十分低下，因此本节在应对 DS-CDMA 水声通信系统中远近效应问题上将采用置零干扰抵消算法来去除/抑制由远近效应带来的强干扰。

置零干扰抵消算法通过循环相关的方法来去除/抑制强干扰用户（假设第 k 个用户是强干扰用户），该过程是在基带进行的。为了方便说明，假设强干扰用户的第 n 个扩频符号持续时间信号的采样点数为 L，其中 L 为扩频序列的码片个数，即每个扩频序列码片采样一个点，则本地参考扩频序列与强干扰用户第 n 个扩频符号持续时间信号的循环相关输出结果为

$$\hat{\boldsymbol{r}}_n^k = \boldsymbol{M}_L^k \boldsymbol{r}_n \tag{5-12}$$

式中，$\boldsymbol{r}_n$ 为 $r_n(t)$ 的向量形式，$r_n(t)$ 为接收信号 $r(t)$ 经过对用户 k 同步后的第 n 个扩频符号持续时间对应的信号；$\boldsymbol{M}_L^k$ 为扩频序列矩阵，它是由用户 k 对应的扩频序列 $[c_0^k, c_1^k, \cdots, c_{L-1}^k]$ 组成的

$$\boldsymbol{M}_L^k = \begin{bmatrix} c_0^k & c_1^k & \cdots & c_{L-2}^k & c_{L-1}^k \\ c_{L-1}^k & c_0^k & \cdots & c_{L-3}^k & c_{L-2}^k \\ \vdots & \vdots & \ddots & \vdots & \vdots \\ c_2^k & c_3^k & \cdots & c_0^k & c_1^k \\ c_1^k & c_2^k & \cdots & c_{L-1}^k & c_0^k \end{bmatrix} \tag{5-13}$$

可以看到循环相关的输出结果即为本地参考扩频序列与接收信号的匹配滤波输出结果，因此强干扰用户 k 的被匹配滤波处理增益凸显出来，而其他用户包括期望用户由于没有匹配处理增益则与强干扰信号的功率差距进一步拉大。通过将 $\hat{\boldsymbol{r}}_n^k$ 中大于某一门限值的部分置零即可实现对强干扰的去除/抑制，而其他用户包括期望用户由于低于门限值而被保留。这一过程可以表述为

$$\tilde{r}_n[j] = \begin{cases} \hat{r}_n^k[j], & \left| \hat{r}_n^k[j] \right| < \beta \\ 0, & \text{其他} \end{cases}, \quad j = 0,1,\cdots,L-1 \tag{5-14}$$

式中，β 为设置的门限。通过式（5-14）得到的信号 $\tilde{\boldsymbol{r}}_n$ 中，强干扰用户信号已被去除/抑制，因此通过 $\boldsymbol{M}_L^k$ 的逆矩阵即可转换回来：

$$\tilde{\boldsymbol{r}}_n = \left(\boldsymbol{M}_L^k \right)^{-1} \tilde{\boldsymbol{r}}_n \tag{5-15}$$

将以上过程逐个扩频符号持续时间进行一遍，最终得到的信号 $\tilde{r}(t)$ 中期望用户的信号将不再受强干扰用户信号影响，对期望用户重新同步并利用相应的接收机即可实现对期望用户的解码。若相对于期望用户有多个强干扰用户，则它们将依据上述过程相互独立地一个接一个地被去除/抑制，去除/抑制过程是从最强干扰用户开始的。

下面通过计算机仿真来说明置零干扰抵消算法去除/抑制多址干扰的过程。假设 DS-CDMA 系统中共有三个用户，其中用户 3 为期望用户，用户 1 和用户 2 为强干扰用户，它们的接收信号功率分别比用户 3 高 7dB 和 4.8dB。图 5-4 给出了 3 个

用户对应的本地扩频序列与接收基带信号（取一个扩频符号持续时间）的匹配输出结果，可以看到用户 1 由于具有最高的接收功率，其匹配输出相关峰明显。而期望用户 3 由于受到用户 1 和用户 2 的强干扰，已经看不到匹配相关峰。

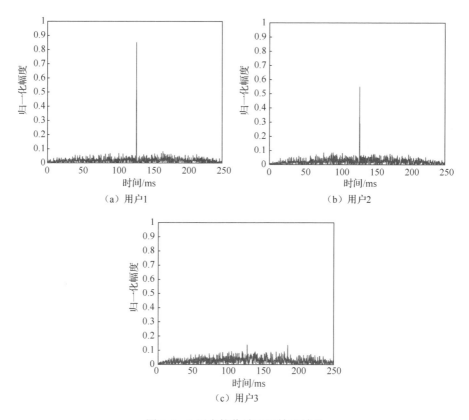

（a）用户1   （b）用户2

（c）用户3

图 5-4   3 用户接收端匹配输出结果

通过匹配输出结果可以确定各个用户的接收功率关系：用户 1 接收功率>用户 2 接收功率>用户 3 接收功率。因此系统将首先对用户 1 解码，然后将用户 1 作为强干扰利用置零干扰抵消算法去除/抑制。将用户 1 作为强干扰去除/抑制后的信号分别与 3 个用户对应的本地参考扩频序列匹配输出的结果如图 5-5 所示。可以看到，置零干扰抵消后用户 1 的信号被消除，因此用户 1 的匹配输出结果已经看不到相关峰，用户 2 的匹配输出结果则出现了明显的相关峰。期望用户 3 也可以看到一部分相关峰，但不是十分明显。这是因为用户 2 对于用户 3 来说仍然是较强的干扰，因此在对用户 2 同步解码后再次利用置零干扰抵消算法将用户 2 作为强干扰进行去除/抑制。

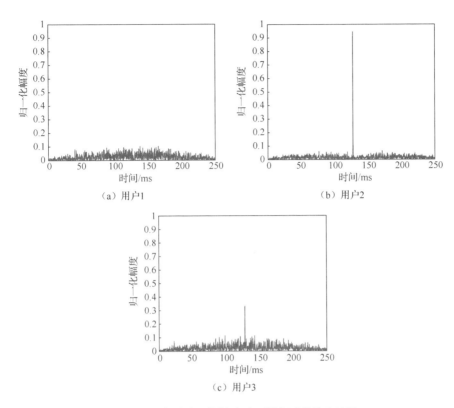

（a）用户1   （b）用户2

（c）用户3

图 5-5 一次置零干扰抵消后 3 用户匹配输出结果

经过两步置零干扰抵消处理后的信号分别与 3 个用户对应的本地参考扩频序列匹配输出的结果如图 5-6 所示。可以看到用户 1 和用户 2 的匹配输出已经看不到相关峰，这说明经过两次置零干扰抵消后作为期望用户 3 的强干扰用户 1 和用

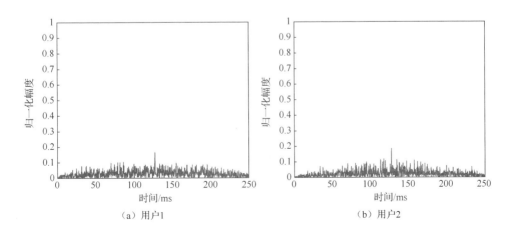

（a）用户1   （b）用户2

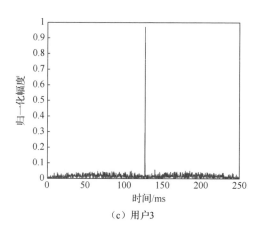

（c）用户3

图 5-6　两次置零干扰抵消后 3 用户匹配输出结果

户 2 已被去除/抑制，因此用户 3 可以看到明显的相关峰。此时对此信号进行解码解扩得到用户 3 的解码输出结果。

　　5.2 节分析可知，多途干扰在 **DS-CDMA** 系统中相当于增加了多个"虚拟用户"从而导致多址干扰增加。对于强干扰用户其多途扩展产生的"虚拟用户"功率甚至都要大于期望用户的功率。置零干扰抵消算法可以有效抑制这些"虚拟用户"带来的干扰，但置零干扰抵消算法的综合性能也将因为这些"虚拟用户"而有所下降。下面对多途扩展干扰条件下置零干扰抵消算法的性能进行仿真分析。

　　假设系统中有两个用户，用户 1 为强干扰用户，用户 2 为期望用户。在接收端用户 1 的接收功率比用户 2 的接收功率高 7dB。对用户 1 利用式（5-12）进行处理后的效果可用图 5-7 来描述，β 为设置的门限值。可以看到，强干扰用户包括其"虚拟用户"均被匹配增益凸显出来，因此将过门限的部分置零后再转换回来即可达到对强干扰用户即"虚拟用户"的抑制作用。同时由图 5-7 可以看出，门限 β 应满足：

$$\beta \geqslant \max\left\{\left|r_n^j\right|\right\}\max\left\{\rho_{1,j}\right\} \tag{5-16}$$

式中，$j=2$；$\rho_{1,j}$ 表示用户 1 和用户 j 对应扩频序列的互相关函数。在存在多途扩展条件下图 5-8 给出了置零干扰抵消前后期望用户 2 匹配输出结果对比，可以看到置零干扰抵消处理有效去除/抑制了强干扰用户 1 对期望用户 2 匹配输出结果的影响。

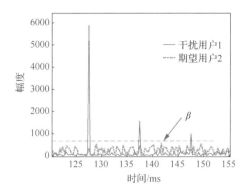

图 5-7　相关输出结果

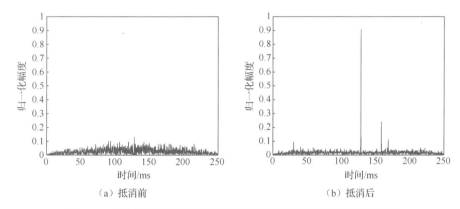

（a）抵消前　　　　　　　　　　　　（b）抵消后

图 5-8　多途扩展条件下置零干扰抵消前后期望用户匹配输出结果

图 5-9 给出了接收信号受多途干扰示意图，可以看到多途干扰产生的"虚拟用户"实际上是由 $d_{n-1}c$ 的末端部分和 d_nc 的前端部分组成。当 $d_{n-1}d_n=1$ 时，"虚拟用户"实际上即为扩频序列 c 的循环移位，此时利用循环相关可以很好地将其匹配凸显出来，其置零干扰抵消前后期望用户匹配输出结果已由图 5-8 给出；当 $d_{n-1}d_n=-1$，循环相关只能匹配输出 d_nc 的前端部分，那么在置零干扰抵消时 $d_{n-1}c$ 的末端部分的干扰将无法被抵消。当强干扰用户接收功率过大时，残留的"虚拟用户"干扰仍然会对期望用户产生较大干扰。图 5-10 给出了在多途干扰条件下且 $d_{n-1}d_n=-1$ 时期望用户 2 置零干扰抵消前后的匹配输出结果。可以看到当 $d_{n-1}d_n=-1$ 时，"虚拟用户"的干扰抵消不彻底，只能被抑制无法被去除，置零干扰抵消后的信号中仍存在一定的干扰功率。而在直扩信号中，$d_{n-1}d_n=-1$ 这种情况是经常会发生的，因此置零干扰抵消在多途扩展干扰条件下仍然可以抑制强干扰用户带来的干扰但无法彻底去除，其性能将和水声信道的复杂程度有关。

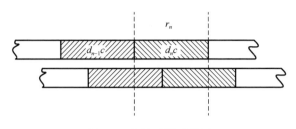

图 5-9　多途干扰示意图

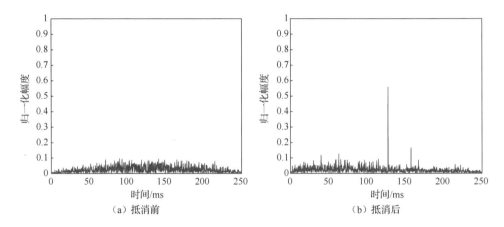

图 5-10　多途干扰条件下置零干扰抵消前后期望用户匹配输出结果

在实际应用中，一个扩频序列的码片将被采样 N_{pn} 个点，则第 n 个扩频符号持续时间信号 $r_n = [r_n(1), r_n(2), \cdots, r_n(LN_{pn})]$ 将被转化为 $L \times N_{pn}$ 矩阵：

$$\boldsymbol{R}_n = \begin{bmatrix} r_n(1) & r_n(2) & \cdots & r_n(N_{pn}) \\ r_n(1+N_{pn}) & r_n(2+N_{pn}) & \cdots & r_n(2N_{pn}) \\ \vdots & \vdots & \ddots & \vdots \\ r_n(1+(L-1)N_{pn}) & r_n(2+(L-1)N_{pn}) & \cdots & r_n(LN_{pn}) \end{bmatrix} \quad (5\text{-}17)$$

则接收端将分别对矩阵 $\boldsymbol{R}_n$ 中的每一列进行置零干扰抵消处理：

$$\tilde{\boldsymbol{R}}_n = \begin{bmatrix} \tilde{r}_{n,1} & \tilde{r}_{n,2} & \cdots & \tilde{r}_{n,N_{pn}} \end{bmatrix} \quad (5\text{-}18)$$

将矩阵 $\tilde{\boldsymbol{R}}_n$ 转换回行向量后即可通过扩频接收机算法对期望用户进行解码处理。以上处理会产生较大运算量，在实际应用中可采用快速沃尔什-阿达玛变换（fast Walsh-Hadamard transform, FWHT）来实现置零干扰抵消过程[3]。

5.4 单矢量空分多址技术

空分多址技术利用各个用户的空间分布差异来抑制非期望用户的干扰。在多用户水声通信系统中，各个用户的空间差异体现在：①相对于主节点的方位角度不同；②各节点水平距离或垂直布放深度不同而产生的与主节点之间的水声信道不同。本节将充分利用以上两点来设计发展具有水声特色的空分多址技术。

5.4.1 单矢量有源平均声强器

将单矢量传感器的偶极子指向性及指向性电子旋转技术应用于水声通信网络，即可利用该特性为实现空分多址服务。另外，单矢量传感器的检测能力、目标方位估计能力、多目标分辨能力、抗各向同性干扰能力等在水声多用户通信中均具有广泛应用空间[4-5]。

但对于单个矢量传感器利用传统的平均声强器或复声强器，针对同频带的多用户来说理论极限仅能测量两个用户的方位，这无法满足多用户组网通信的需求[6]。在多用户通信系统当中，信源的信息分辨可以通过不同的 PN 码实现，然而信源方位信息也是区分不同用户的重要依据，可有效增大用户数量和网络吞吐量。本节将矢量传感器应用在码分多址水声通信中，提出了单矢量有源平均声强器方位估计算法，利用扩频通信中的 PN 码相关特性可实现通频带多用户方位估计，利用估计得到的方位信息进行矢量组合定向通信，服务空分多址。

为了便于理解，首先简单介绍一下平均声强器。由矢量水听器二维输出信号模型可知平均声强输出为

$$\overline{I_x} = \overline{p(t)v_x(t)} = \overline{x^2(t)}\cos\theta + \overline{n_p(t)n_x(t)} + \overline{n_p(t)x(t)}\cos\theta + \overline{x(t)n_x(t)}$$
$$\overline{I_y} = \overline{p(t)v_y(t)} = \overline{x^2(t)}\sin\theta + \overline{n_p(t)n_y(t)} + \overline{n_p(t)x(t)}\sin\theta + \overline{x(t)n_y(t)}$$

（5-19）

式中，横线表示时间平均。由于 $n_p(t)$、$n_x(t)$、$n_y(t)$ 和 $x(t)$ 之间相互独立，因此 $\overline{I_x}$ 和 $\overline{I_y}$ 中第一项为期望项，其余项可视为小量处理。因此式（5-19）可整理为

$$\overline{I_x} = \overline{p(t)v_x(t)} = \overline{x^2(t)}\cos\theta + \varDelta_x$$
$$\overline{I_y} = \overline{p(t)v_y(t)} = \overline{x^2(t)}\sin\theta + \varDelta_y$$

（5-20）

式中，$\varDelta_x$ 和 $\varDelta_y$ 为小量。则利用平均声强即可估计得到信号的波达方位：

$$\hat{\theta} = \arctan\frac{\overline{I_y}}{\overline{I_x}} = \arctan\frac{\overline{p(t)v_y(t)}}{\overline{p(t)v_x(t)}}$$

（5-21）

　　海洋波导中目标信号的声压与振速是相关的，而各向同性环境干扰的声压与振速是不相关的或相关性很弱。所以，平均声强器有良好的抗干扰能力，这是平均声强器抗干扰的物理基础。

　　在多用户系统中，单矢量传感器的输出为（为方便讨论假设为同步系统）

$$p(t) = \sum_{k=1}^{K} x_k(t) + n_p(t)$$

$$v_x(t) = \sum_{k=1}^{K} x_k(t)\cos\theta_k + n_x(t) \qquad (5\text{-}22)$$

$$v_y(t) = \sum_{k=1}^{K} x_k(t)\sin\theta_k + n_y(t)$$

式中，θ_k 为第 k 个用户的方位；$x_k(t)$ 为第 k 个用户的发送信号。可以看到，若利用平均声强器进行方位估计，则得到的估计结果为各个用户的合成方位，而有源平均声强器可以较好地完成对各个用户的方位估计。

　　图 5-11 给出了有源平均声强器的原理图，其中 $\boldsymbol{v}$ 为振速输出矢量。在多用户系统中，每个用户分配一个伪随机序列 $c_k(t)$（$k = 1,2,\cdots,K$），根据式（5-22）有 $x_k(t) = c_k(t)$，则有源平均声强器输出的第 i 个用户平均声强为

$$\overline{I_x^i} = \frac{1}{T^2} \int_T p(t)c_i(t)\mathrm{d}t \cdot \int_T v_x(t)c_i(t)\mathrm{d}t$$

$$\overline{I_y^i} = \frac{1}{T^2} \int_T p(t)c_i(t)\mathrm{d}t \cdot \int_T v_y(t)c_i(t)\mathrm{d}t \qquad (5\text{-}23)$$

式中，T 为扩频机序列的周期。有源平均声强器首先利用本地第 i 个用户对应的伪随机序列与矢量水听器输出的三路信号进行相关运算，利用扩频序列优良的相关特性，通过匹配增益将用户 i 的声压和振速凸显出来，然后再计算用户 i 的平均声强。

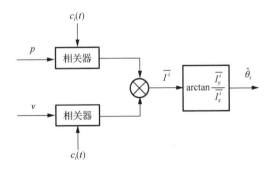

图 5-11　有源平均声强器原理图

因此，对于 $\overline{I_x^i}$ 有

$$\overline{I_x^i} = \frac{1}{T^2}(T + \Delta_{\mathrm{MAI}}^p + \Delta_n^p)(T\cos\theta_i + \Delta_{\mathrm{MAI}}^{v_x} + \Delta_n^{v_x}) \tag{5-24}$$

式中，Δ_n^p 和 $\Delta_n^{v_x}$ 分别为伪随机序列与 $n_p(t)$ 和 $n_x(t)$ 相关后的噪声分量，可认为是小量；Δ_{MAI}^p 和 $\Delta_{\mathrm{MAI}}^{v_x}$ 分别为前面讨论的多址干扰：

$$\Delta_{\mathrm{MAI}}^p = \sum_{k=1,k\neq i}^{K} \int_T c_k(t)c_i(t)\mathrm{d}t \tag{5-25}$$

$$\Delta_{\mathrm{MAI}}^{v_x} = \sum_{k=1,k\neq i}^{K} \cos\theta_i \int_T c_k(t)c_i(t)\mathrm{d}t$$

在用户数量一定时可认为 Δ_{MAI}^p 和 $\Delta_{\mathrm{MAI}}^{v_x}$ 为小量，因此有

$$\overline{I_x^k} = \cos\theta_i + \Delta_x \tag{5-26}$$

其中，Δ_x 为小量。同理有

$$\overline{I_y^k} = \sin\theta_i + \Delta_y \tag{5-27}$$

因此，利用有源平均声强器可得到用户 i 的方位估计，即

$$\hat{\theta}_i = \arctan\frac{\overline{I_y^i}}{\overline{I_x^i}} \tag{5-28}$$

单矢量有源平均声强器可通过变更本地参考信号来匹配检测多用户通信中各个用户的探测信号，通过各个用户的匹配相关峰来实现同频带多用户方位估计。因此，有源平均声强器的优势在于：只要各个用户的探测信号波形可分辨，就能估计得到各个用户的方位信息。

利用估计得到的方位信息即可通过矢量组合来调整矢量水听器指向性，使其指向期望用户。本节采用 $p + 2v_c^i$ 的矢量组合，其中：

$$\begin{aligned}
v_c^i(t) &= v_x(t)\cos\hat{\theta}_i + v_y(t)\sin\hat{\theta}_i \\
&= \sum_{k=1}^{K} x_k(t)\cos\theta_k\cos\hat{\theta}_i + \sum_{k=1}^{K} x_k(t)\sin\theta_k\sin\hat{\theta}_i \\
&= x_i(t) + \sum_{k=1,k\neq i}^{K} x_k(t)\cos(\theta_k - \theta_i) \tag{5-29}
\end{aligned}$$

图 5-12 给出了矢量组合 $p + 2v_c$ 的组合指向性图，从图中可以看出当矢量组合指向期望用户所在方位时（如 $90°$ 方向），其他方位的用户的响应将被降低，可降低多址干扰的影响。

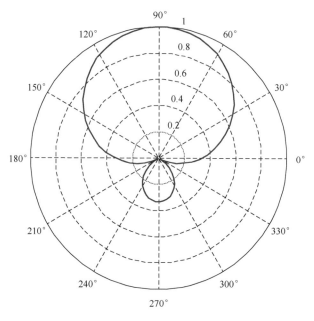

图 5-12　　$p + 2v_c$ 组合指向性图

5.4.2　时间反转镜在多用户通信中的应用

　　水声信道多途结构复杂性给码分多址水声系统实现高质量通信带来了很大的困难，但是如果能在均衡水声信道对码分多址系统产生影响的同时利用其独有的物理特性为多址系统服务，将会给实现水声多用户高质量组网通信带来新的机遇。

　　在水声通信中，发射端和接收端之间的水声信道如果从信息传输的角度来看可以被视为一个滤波器，如图 5-13 所示。在相干多途信道模型中，根据射线声学的理论，折射声线、直达声线和一系列界面反射声线干涉叠加到达接收端，组成了接收端的信号。

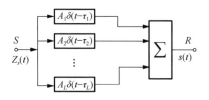

图 5-13　声压多途滤波器原理

　　由图 5-13 知，对接收点声场有重要贡献的共有 L 个途径，每个途径都是无色散的，所以每个途径的传输函数均为 Dirac 函数，设本征声线的幅度和传播时延分别为 A_i 和 τ_i，则水声信道的冲激响应 $h_p(t)$ 为

$$h_p(t) = \sum_{i=1}^{L} A_i \delta(t - \tau_i) \tag{5-30}$$

从式（5-30）可以看出，水声信道是发送信号经过各条路径在接收端相互叠加的结果，不同空间位置在不同环境条件下到达接收端的多途路径是不相同的。因此，水声通信中发射端与接收端的相对位置变化以及环境参数的变化对水声信道系统冲激响应函数的影响很大。例如，当声源位置发生变化时，一系列声线到达接收端的相对时延规律将相应发生变化，因而多途干涉的情况也发生变化，从而改变了信道的系统函数。水层中声速变化、水平位置变化、水层厚度变化、铅直位置变化都会导致水声信道的系统冲激响应函数的变化，且它们对水声信道系统冲激响应函数变化的影响程度依次递增。

图 5-14 给出了某水域测得的声速梯度分布。利用声速梯度分布的数据可通过信道仿真软件得出空间各点到达接收端的水声信道冲激响应函数。

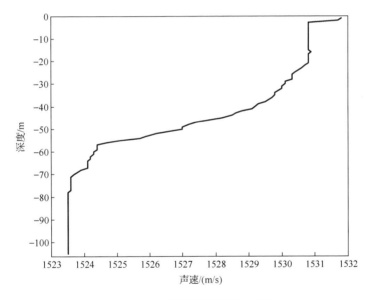

图 5-14　某水域声速梯度分布图

对于给定的期望信道（距离接收端 5000m，深度为 20m），随机地用空间不同位置处的水声信道与期望信道进行归一化相关运算，得到的结果如图 5-15 所示。

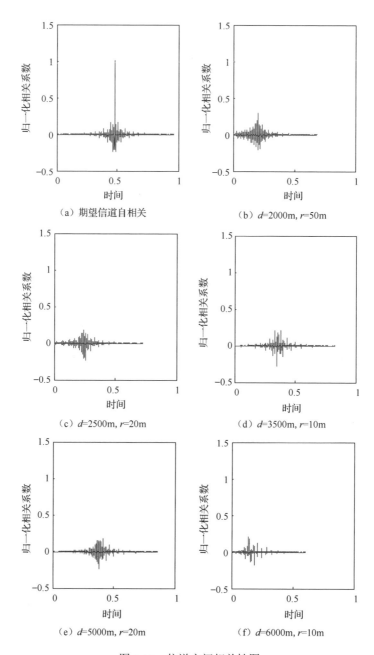

图 5-15　信道空间相关性图

从图 5-15 中可以看到不同空间位置的水声信道的相关性都比较弱，从而验证了理论分析。在多用户水声通信中不同空间位置水声信道的弱相关性将会被单矢量时间反转镜利用，聚焦期望用户同时屏蔽非期望用户，进而提高码分多址系统性能[7-8]。

在 DS-CDMA 水声通信系统中，由于各用户相对于主节点的分布无论在水平距离、垂直深度还是在分布方位和对应空间的环境参数通常均不相同，从而自然而然地满足了各个用户到达主节点间的水声信道冲激响应函数的弱相关性。单阵元时间反转镜可聚焦期望用户信号，同时利用信道间的弱相关性屏蔽其他多用户干扰。

下面对单矢量时间反转镜在多用户水声通信中的应用进行分析。

矢量水听器相对于标量水听器具有一系列优势：①可以同步共点地获得声场矢量和标量信息，通过对声压信号和振速信号进行矢量组合可获得多种矢量组合指向性，以满足不同的实际应用需求，且该组合指向性具有不随频率变化的特性；②对各向同性噪声具有很好的抑制能力；③由于振速本身就有约 3dB 的空间增益，将其与声压进行组合可以获得相当可观的附加增益。因此，在水声通信系统中采用矢量水听器接收将更有优势。矢量水听器技术研究与应用主要集中在水下目标探测、方位估计、噪声测量等领域。近年来矢量水听器在水声通信领域中的应用也开始受到关注，并取得了一系列研究成果，主要分为两个方向：①将矢量水听器看成是一个 4 元阵，按照传统多通道信号处理的方法进行处理；②将矢量水听器声压输出和水平振速输出进行矢量组合，以获得矢量处理增益从而提高系统性能。

在满足声学欧姆定律条件下，单矢量传感器二维输出模型可以表示为

$$
\begin{aligned}
p(t) &= x(t) + n_p(t) \\
v_x(t) &= x(t)\cos\theta + n_x(t) \\
v_y(t) &= x(t)\sin\theta + n_y(t)
\end{aligned}
\tag{5-31}
$$

式中，$x(t)$ 为发射信号；$n_p(t)$、$n_x(t)$ 和 $n_y(t)$ 为各向同性的加性高斯白噪声，且 $n_p(t)$、$n_x(t)$、$n_y(t)$ 和 $x(t)$ 之间相互独立。由于海浪分布在无垠的海面上，海洋动力噪声具有各向同性且非相干的特性，因此三个通道噪声方差满足：

$$
\sigma_x^2 = \sigma_y^2 = \frac{1}{2}\sigma_p^2
\tag{5-32}
$$

利用矢量水听器振速输出信号可以得到组合振速 $v_c(t)$：

$$
\begin{aligned}
v_c(t) &= v_x(t)\cos\psi + v_y(t)\sin\psi \\
&= x(t)\cos(\theta - \psi)
\end{aligned}
\tag{5-33}
$$

式中，ψ 为引导方位。

图 5-16 给出了单矢量时间反转镜方案，对单矢量水听器输出的三路信号分别利用探测信号进行信道估计并将估计得到的信道与接收信号进行时间反转卷积。

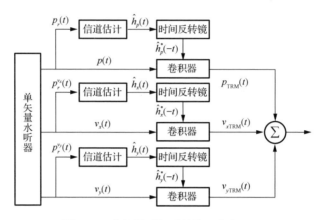

图 5-16　单矢量时间反转镜（方案一）

将每路时间反转输出信号叠加起来即为最终单矢量时间反转镜最终输出结果：

$$r_{\text{TRM}}(t) = p(t) * \hat{h}_p^*(-t) + v_x(t) * \hat{h}_x^*(-t) + v_y(t) * \hat{h}_y^*(-t) \tag{5-34}$$

式中，$\hat{h}_p^*(-t)$、$\hat{h}_x^*(-t)$ 和 $\hat{h}_y^*(-t)$ 分别为声压及阵速通道的时间反转估计信号。图 5-16 给出的单矢量时间反转镜实际上是将单矢量水听器看成一个三元接收阵，其时间反转镜处理方法与传统三元垂直接收阵时间反转镜处理方法完全一致。在水声通信中，采用多元大孔径垂直接收阵可使得不同阵元接收信号的水声信道存在较大差异，而多阵元时间反转镜处理的增益正是来自于信道差异性。

依据射线声学理论给出声压和振速水声信道系统函数模型：

$$
\begin{aligned}
h_p(t) &= \sum_{i=1}^{L} A_i \delta(t - \tau_i) \\
h_v(t) &= \sum_{i=1}^{L} A_i \delta(t - \tau_i) \cos \alpha_i
\end{aligned}
\tag{5-35}
$$

式中，$h_p(t)$ 和 $h_v(t)$ 分别为声压和振速水声信道系统函数；L、A_i 和 τ_i 分别为路径条数、每条路径的衰减以及时延；α_i 为本征声线到达接收端处的掠角，以水平面为 $0°$。因此，若声源发射信号为 $s(t)$，则单矢量水听器多途信道接收模型为

$$
\begin{aligned}
p(t) &= s(t) * h_p(t) + n_p(t) \\
v_x(t) &= \cos \theta \cdot s(t) * h_v(t) + n_x(t) \\
v_y(t) &= \sin \theta \cdot s(t) * h_v(t) + n_y(t)
\end{aligned}
\tag{5-36}
$$

由于在浅海远程处，α_i 通常只有几度，所以 $h_p(t)$ 和 $h_v(t)$ 十分相近。因此，在浅海波导中声压与水平振速近似满足声学欧姆定律，声压与振速的波形大致相同。因此，矢量水听器输出的三路信号对应的水声信道的差异性不大，上述时间反转镜处理结果与声压通道时间反转镜处理结果的性能相近。因此，图 5-17 给出了另一种单矢量时间反转镜处理方案，在时间反转镜处理前首先将矢量水听器三路输出信号进行 $p + 2v_c$ 矢量组合，对矢量组合后的信号进行上述时间反转镜处理。方案二的优势在于：时间反转镜处理前通过 $p + 2v_c$ 矢量组合理论上可获得 4.8dB 的矢量处理增益，为后续单阵元时间反转镜处理尤其是信道估计提供了一定的便利。

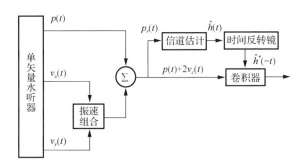

图 5-17　单矢量时间反转镜（方案二）

单阵元时间反转镜技术在多用户水声通信中应用的原理如图 5-18 所示。

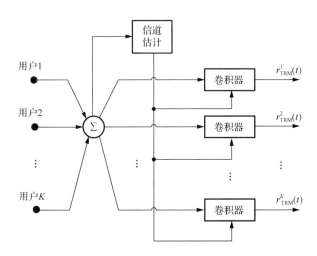

图 5-18　单阵元时间反转镜技术在多用户水声通信中的应用原理

该过程处理表达式如下:

$$
\begin{aligned}
r_{\text{TRM}}^{j}(t) &= \sum_{k=1}^{K} s_k(t) * h_k(t) * \hat{h}_j^*(-t) \\
&= s_j(t) * [h_j(t) * \hat{h}_j^*(-t)] \\
&\quad + \sum_{k=1,k\neq j}^{K} s_k(t) * h_k(t) * \hat{h}_j^*(-t) + n(t) * \hat{h}_j^*(-t)
\end{aligned} \tag{5-37}
$$

式中,$r_{\text{TRM}}^{j}(t)$ 为第 j 个用户的时间反输出,其表达式由三项组成。第一项为期望的时间反转聚焦信号,它完成了对期望用户水声信道的时间聚焦,降低了水声信道的多途扩展干扰;第二项为多址干扰分量,由水声信道空间物理特性可知,该过程利用水声信道的弱相关性屏蔽了非期望用户的干扰;第三项为噪声干扰分量,由于其相关半径为 0,时间反转镜处理使得噪声非相干延迟叠加,噪声干扰分量同样可视为小量。从而该过程实现了对期望用户的聚焦和对非期望用户的分离,即该过程利用水声信道的空间分布差异的物理特性实现了空分多址水声通信。

5.4.3　DS-SCDMA 水声通信系统

直接序列空分码分多址(direct sequence space code division multiple access, DS-SCDMA)接收机原理如图 5-19 所示。

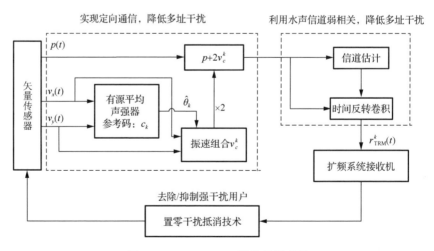

图 5-19　DS-SCDMA 接收机原理图

系统中给每个用户分配一个长伪随机序列作为地址码也是同步信号,本节采用周期为 1024 的 m 序列。DS-SCDMA 系统接收机工作过程如下。

第一,接收端利用本地参考的地址码与接收信号进行匹配相关运算,通过比较相关峰大小,判断各个用户按接收功率由大到小依次进行解码的顺序。

第二,利用地址码对当前用户进行同步,同时利用有源平均声强器对当前用户的方位进行估计,利用估计得到的方位对当前期望用户进行 $p + 2v_c$ 矢量组合。

第三,利用地址码对矢量组合后的信号进行拷贝相关信道估计,并利用估计得到的信号对矢量组合信号进行时间反转镜处理,利用水声扩频接收机算法(如差分能量检测器)对期望用户进行解码。

第四,利用置零干扰抵消算法对当前已完成解码的用户进行干扰抵消处理,将干扰抵消后的信号反馈回来。

可以看到,DS-SCDMA 接收端在利用扩频接收机对期望用户解码前,共进行了单矢量定向通信、单阵元时间反转镜处理和置零干扰抵消 3 次多址干扰抑制处理。置零干扰抵消处理有效抑制了强干扰用户带来的干扰,但由前面分析可知其性能受多途扩展干扰影响,可提高的处理增益有限,在实际应用中还是应尽量保证各个用户到达接收端的功率相等。矢量组合处理在获得了一定的矢量处理增益的同时抑制了其他方位用户对期望用户的干扰,通过图 5-12 可以看出矢量组合的指向性波束较宽,并非十分尖锐,因此矢量组合处理并非对各个方位上的用户都有明显抑制作用。但是如图 5-12 所示,当期望用户处于 90° 方位时,180° ~ 360° 方位上的用户可得到较好的抑制。另外随着用户数量增多,有源平均声强器的方位估计偏差必然增大,这种"胖"指向性反而可以保证即使有源平均声强器方位估计出现偏差,矢量组合也可获得一定的矢量处理增益。时间反转镜对期望用户实现时间上的聚焦,降低了水声信道的多途扩展,同时利用水声信道物理特性抑制了非期望用户的干扰。单阵元时间反转镜处理无论在时间聚焦增益还是在空间聚焦增益上性能有限,实际应用中可根据需要采用垂直矢量阵进行接收。但从系统功耗和通信节点复杂度的角度考虑,采用单矢量水听器接收将是首选。

对提出的 DS-SCDMA 系统进行计算机仿真实验。利用信道仿真软件产生的 9 个水声信道如图 5-20 所示。仿真中采用 5 阶 Gold 序列作为 CDMA 的地址码。系统带宽为 2kHz,采用 QPSK 调制。9 个用户与主节点的方位分布服从均匀分布,假设用户 1 为期望用户,图 5-21 给出了在信噪比为 5dB 条件下的 DS-CDMA 系统和 DS-SCDMA 解码星座对比图。从图中可以看出,DS-CDMA 系统中期望用户由于受到水声信道的影响,解码效果很差,具有较高的误码率。而 DS-SCDMA 系统中的相同期望用户则可以正确完成解码,实现低误码多址水声通信。

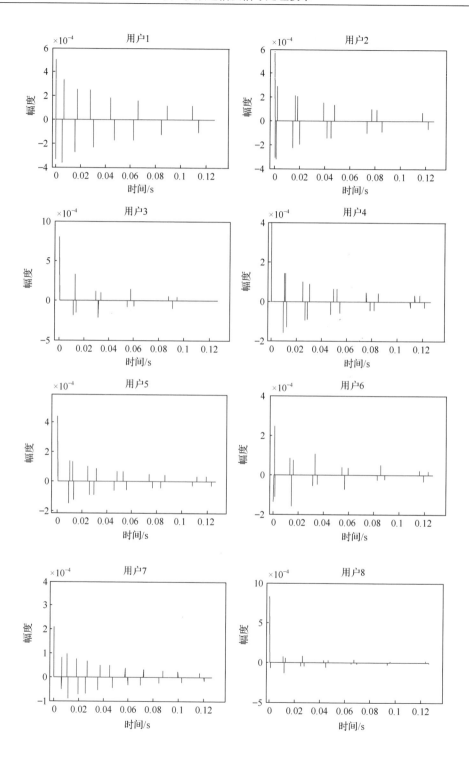

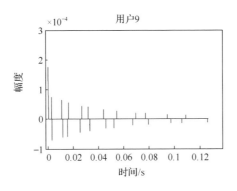

图 5-20　9 个用户的信道冲激响应函数

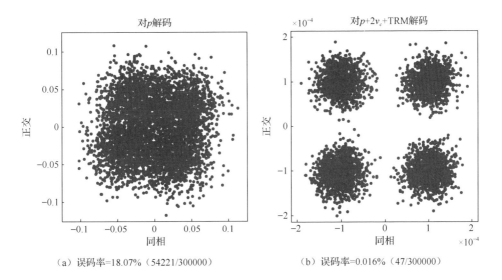

（a）误码率=18.07%（54221/300000）　　　　（b）误码率=0.016%（47/300000）

图 5-21　期望用户的解码星座图

接下来分别给出 ExDL01 试验和 ExLH12 试验 DS-CDMA 数据处理结果，从而验证本章提出的相关算法的有效性。

图 5-22 给出了 ExDL01 试验的布局：接收端锚定不动，发射端分别在距离接收端 5km、7km 和 10km 处发送信号。本次试验的主要系统参数为：带宽 4kHz，载波中心频率 6kHz，扩频序列主要采用周期为 127 和 511 的 m 序列。发射端采用 2～8kHz 发射换能器，接收端采用矢量水听器接收。

表 5-1 给出了 ExDL01 试验 DS-CDMA 系统中 6 个用户的相对于接收端的位置信息。

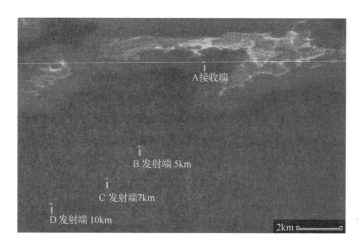

图 5-22　ExDL01 DS-CDMA 试验布局（彩图附书后）

表 5-1　DS-CDMA 系统各用户信息

用户	水平距离/km	发送深度/m	带宽/kHz
用户 1	3	5	4
用户 2	1	2	4
用户 3	7	2	4
用户 4	5	5	4
用户 5	5	6	4
用户 6	7	5	4

　　由于各个用户的发射水平距离和深度均不相同，则必然存在远近效应干扰。本书在后续处理时首先将各个用户人为地进行"功率控制"，即每个用户在叠加之前均进行了功率归一化处理。经过人为功率控制的 DS-CDMA 接收信号将直接采用差分相关检测器或差分能量检测器进行解码。假设用户 6 为期望用户，图 5-23 给出了用户 6 的差分相关检测器和差分能量检测器的解码效果图。可以看到解码效果良好，由于发送数据有限，两种检测器实现了对各个用户零误码解码。处理结果验证了本书提出的扩频接收机算法可以在 DS-CDMA 系统中应用。

　　然而在 ExDL01 码分多址水声通信试验中，由于并没有对各个用户的发射功率进行控制，不同用户接收到的功率相差较大，例如用户 2 与用户 3 的接收功率相差 7.5dB。图 5-24 给出了用户 2 和用户 3 接收基带复信号时域波形图，可见由用户 2 和用户 3 组成的 DS-CDMA 系统中存在非常严重的远近效应问题。在用户 2 的强干扰下，用户 3 已经无法正常解码。

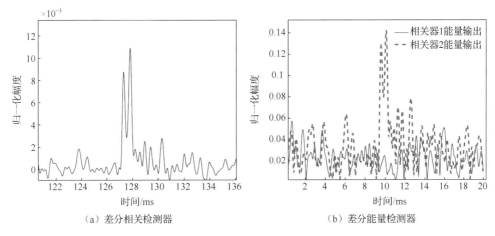

（a）差分相关检测器　　　　　　　　　（b）差分能量检测器

图 5-23　DS-CDMA 系统期望用户解码效果图

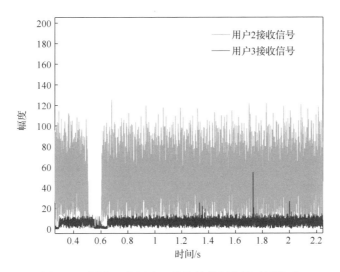

图 5-24　用户 2 和用户 3 接收基带复信号时域波形

置零干扰抵消技术可以在一定程度上解决远近效应问题。在用户 2 和用户 3 组成的 DS-CDMA 系统中首先对用户 2 进行解码，然后利用干扰抵消技术将用户 2 去除/抑制，图 5-25 给出了干扰抵消前后用户 3 的差分相关检测器解码效果图，可以看到干扰抵消技术有效地抑制了用户 2 对期望用户的干扰。采用干扰抵消技术后，差分相关检测器对用户 3 实现了 0 误码解码。需要说明的是，在实际应用中，干扰抵消门限值 β 很难按照式（5-16）计算得出，在实际数据处理时取 $\beta = \max\left\{\left|\hat{r}_n^k[j]\right|\right\} / 7$。在 ExDL01 试验中，在远近效应干扰条件下（最大用户信号接收功率与最小用户信号接收功率相差 7.5dB），利用本章提出的基于置零干扰

抵消的空分多址技术成功实现了 6 用户 DS-CDMA 水声通信。由于各个用户发射数据有限（180bit），接收端利用第 2 章、第 3 章提出的接收机算法均实现了对各个用户的 0 误码解码。

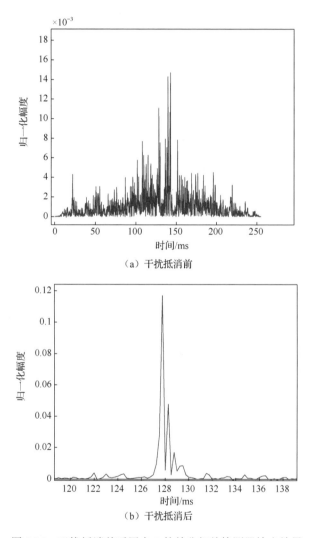

（a）干扰抵消前

（b）干扰抵消后

图 5-25　干扰抵消前后用户 3 的差分相关检测器输出结果

图 5-26 给出了 ExLH12 DS-CDMA 试验布局示意图。在实际试验中，发射端分别位于距接收端 500m、1000m、1500m、2000m 的水平距离处向接收端发送信号，发射换能器吊放深度在 2～6m 范围内，变化精度为 1m，接收端锚定在湖中央不动。系统参数为：带宽为 2kHz，载波中心频率为 6kHz，扩频序列主要采用

周期为 31 和 127 的 m 序列。发射端采用 2~8kHz 发射换能器，接收端采用矢量水听器接收，最远通信距离为 3km。

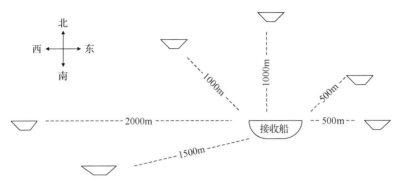

图 5-26　ExLH12 DS-CDMA 试验布局示意图

虽然置零干扰抵消技术在上述处理中有效地抑制了大功率用户的干扰，但由 5.3 节分析可知，干扰抵消技术的性能严重受到水声信道的影响。在 ExLH12 试验中水声信道结构复杂，多途扩展时间甚至超过扩频序列周期持续时间。在这种大多途扩展干扰条件下，置零干扰抵消技术的性能严重下降，已无法完成对大功率干扰用户的去除/抑制。因此，ExLH12 试验的 DS-CDMA 数据处理中，首先将各个用户的接收功率归一化处理后再进行叠加，即暂时不考虑远近效应问题。

图 5-27（a）给出了 7 个用户的实测水声信道。由于湖底较为复杂，因此可以看到不同用户间的信道差异较大。图 5-27（b）给出了 7 个用户的信道相关矩阵 **H**，定义：

$$\boldsymbol{H}_{ij} = \left\langle h_i(t) \cdot h_j(t) \right\rangle \tag{5-38}$$

式中，$h_i(t)$ 表示第 i 个用户的水声信道冲激响应函数。从相关矩阵 **H** 中可以看到，7 个用户间的信道具有弱相关性，单阵元时间反转镜处理可有效利用不同用户间水声信道差异来聚焦期望用户，屏蔽非期望用户。

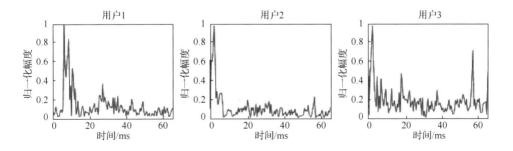

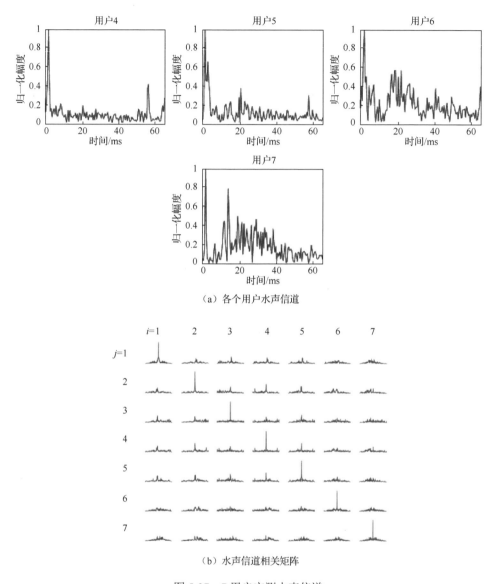

（a）各个用户水声信道

（b）水声信道相关矩阵

图 5-27 7 用户实测水声信道

　　表 5-2 给出了利用单矢量有源平均声强器估计的 7 个用户的方位信息，单矢量平均声强器测向相对成熟，可视为实际方位。需要说明的是，ExLH12 试验中各个用户的信道即方位信息均由各个用户的探测信号估计得到。试验中各个用户的探测信号选用周期为 1023 的 m 序列。图 5-28 以拷贝相关峰输出的形式给出了 DS-CDMA 系统解码输出和 DS-SCDMA 系统解码输出对比结果。可以看到，

DS-CDMA 的期望用户输出几乎看不见相关峰，对应着期望用户的解码将出现差错；DS-SCDMA 由于利用空分多址技术有效地抑制了多址干扰，期望用户的解码输出可以看到明显的相关峰，对应着期望用户将实现 0 误码解码。

表 5-2　7 个用户的方位估计

用户	平均声强器估计方位/(°)	有源平均声强器估计方位/(°)
用户 1	160.5786	160.3654
用户 2	228.2643	227.9928
用户 3	36.2461	38.0312
用户 4	101.9234	104.6238
用户 5	13.6547	15.5479
用户 6	273.6584	268.1154
用户 7	62.3046	64.7489

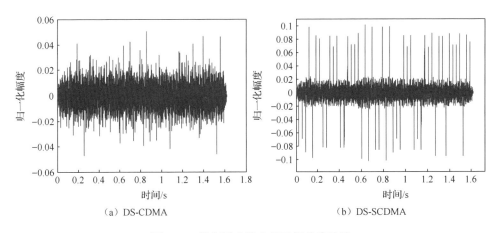

(a) DS-CDMA　　　　　　　　　(b) DS-SCDMA

图 5-28　期望用户输出拷贝相关峰结果

参 考 文 献

[1]　Goldsmith A. Wireless Communications[M]. Cambridge: Cambridge University Press, 2005.

[2]　聂景楠. 多址通信及其接入控制技术[M]. 北京: 人民邮电出版社, 2006.

[3]　Yang T C, Yang W B. Interference suppression for code-division multiple-access communications in an underwater acoustic channel[J]. Journal of the Acoustical Society of America, 2009, 126(1): 220-228.

[4]　Abdi A, Guo H, Sutthiwan P. A new vector sensor receiver for underwater acoustic communication[C]. OCEANS, 2007: 1-10.

[5]　　惠俊英, 惠娟. 矢量声信号处理基础[M]. 北京: 国防工业出版社, 2009.

[6]　　殷敬伟, 杨森, 杜鹏宇, 等. 基于单矢量有源平均声强器的码分多址水声通信[J]. 物理学报, 2012, 61(6): 064302.

[7]　　Yin J W, Du P Y, Shen J W, et al. Study on time reverse mirror in underwater acoustic communication[J]. Journal of the Acoustical Society of America, 2013, 19: 1-6.

[8]　　Yin J W, Du P Y, Yang G, et al. Space-division multiple access for CDMA multiuser underwater acoustic communications[J]. Journal of Systems Engineering and Electronics, 2015, 26(6): 1184-1190.

第 6 章　MIMO 水声扩频通信技术

MIMO 技术是近年来水声通信领域的研究热点，已发展为与单载波、OFDM、扩频等多种通信体制结合使用[1-3]。本章从 MIMO 水声通信角度出发，将水声扩频通信技术引入 MIMO 系统中，并对 MIMO 水声扩频通信系统关键技术进行分析。

6.1　MIMO 系统模型

对于水声通信系统来说，发射换能器和接收阵元的数量将决定系统复杂度以及接收端信号处理算法，本节将重点介绍单输入多输出（single input multiple output，SIMO）系统模型和 MIMO 系统模型。

图 6-1 给出了 SIMO 系统模型，系统中共有 N 个输出，1 个输入。

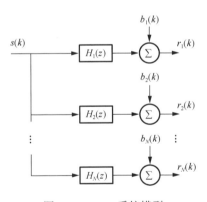

图 6-1　SIMO 系统模型

当信道以无限冲激响应滤波器（infinite impulse response，IIR）滤波器描述时，SIMO 系统模型为

$$r_n(t) = h_n(t) * s(t) + b_n(t), \quad n = 1, 2, \cdots, N \tag{6-1}$$

式中，$s(t)$ 为输入信号；$r_n(t)$ 和 $b_n(t)$ 分别为 SIMO 第 n 个输出信号和噪声；$h_n(t)$ 为输入与第 n 个输出之间的信道。可以看到，SIMO 系统实际上是由 N 个单输入单输出（single input single output，SISO）系统组成的。当信道以有限冲激响应滤

波器（finite impulse response，FIR）滤波器描述时，SIMO 系统模型为

$$r_n[k] = \boldsymbol{h}_n^{\mathrm{T}} \boldsymbol{s}[k] + b_n[k] \tag{6-2}$$

式中，$r_n[k]$、$\boldsymbol{s}[k]$、$\boldsymbol{h}_n^{\mathrm{T}}$ 和 $b_n[k]$ 的定义与式（6-1）中的定义类似。式（6-2）可以整理成矩阵形式：

$$\boldsymbol{r}[k] = \boldsymbol{H}\boldsymbol{s}[k] + \boldsymbol{b}[k] \tag{6-3}$$

式中，$\boldsymbol{r}^{\mathrm{T}}[k] = [r_1[k] \quad r_2[k] \quad \cdots \quad r_N[k]]$；$\boldsymbol{b}^{\mathrm{T}}[k] = [b_1[k] \quad b_2[k] \quad \cdots \quad b_N[k]]$；

$$\boldsymbol{H} = \begin{bmatrix} h_{1,0} & h_{1,1} & \cdots & h_{1,L-1} \\ h_{2,0} & h_{2,1} & \cdots & h_{2,L-1} \\ \vdots & \vdots & \ddots & \vdots \\ h_{N,0} & h_{N,1} & \cdots & h_{N,L-1} \end{bmatrix}_{N \times L} \tag{6-4}$$

其中，L 为 N 个信道中最长的信道对应的长度。

SIMO 系统在频域上同样可以用矩阵形式进行描述：

$$\boldsymbol{R}(f) = \boldsymbol{H}(f)S(f) + \boldsymbol{B}(f) \tag{6-5}$$

式中，$\boldsymbol{R}^{\mathrm{T}}(f) = [R_1(f) \quad R_2(f) \quad \cdots \quad R_N(f)]$；$\boldsymbol{H}^{\mathrm{T}}(f) = [H_1(f) \quad H_2(f) \quad \cdots \quad H_N(f)]$；$\boldsymbol{B}^{\mathrm{T}}(f) = [B_1(f) \quad B_2(f) \quad \cdots \quad B_N(f)]$；$R_n(f)$、$H_n(f)$、$S(f)$ 以及 $B_n(f)$ 分别为 $r_n(t)$、$h_n(t)$、$s(t)$ 和 $b_n(t)$ 的傅里叶变换。

图 6-2 给出了 MIMO 系统模型，系统中共有 M 个输入，N 个输出。当信道以 IIR 滤波器描述时，MIMO 系统模型为

$$r_n(t) = \sum_{m=1}^{M} h_{nm}(t) * s_m(t) + b_n(t) \tag{6-6}$$

式中，$s_m(t)$ 为第 m 个输入信号时域波形；$r_n(t)$ 和 $b_n(t)$ 分别为第 n 个输出信号和噪声；$h_{nm}(t)$ 为第 m 个输入与第 n 个输出之间的信道冲激响应函数。当信道以 FIR 滤波器描述时，MIMO 系统模型为

$$\boldsymbol{r}[k] = \boldsymbol{H}\boldsymbol{s}[k] + \boldsymbol{b}[k] \tag{6-7}$$

式中，$\boldsymbol{r}^{\mathrm{T}}[k] = [r_1[k] \quad r_2[k] \quad \cdots \quad r_N[k]]$；$\boldsymbol{b}^{\mathrm{T}}[k] = [b_1[k] \quad b_2[k] \quad \cdots \quad b_N[k]]$；$\boldsymbol{s}[k]$ 定义与式（6-3）中的定义相同；$\boldsymbol{H}$ 定义为

$$\boldsymbol{H} = [\boldsymbol{H}_1 \quad \boldsymbol{H}_2 \quad \cdots \quad \boldsymbol{H}_M]_{N \times ML}$$

$$\boldsymbol{H}_m = \begin{bmatrix} h_{1m,0} & h_{1m,1} & \cdots & h_{1m,L-1} \\ h_{2m,0} & h_{2m,1} & \cdots & h_{2m,L-1} \\ \vdots & \vdots & \ddots & \vdots \\ h_{Nm,0} & h_{Nm,1} & \cdots & h_{Nm,L-1} \end{bmatrix}_{N \times L} \tag{6-8}$$

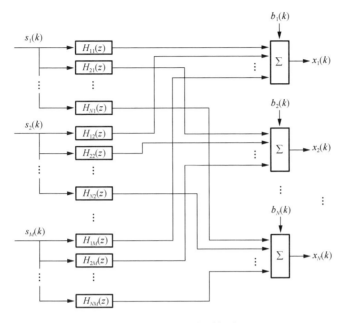

图 6-2　MIMO 系统模型

MIMO 系统在频域上的矩阵形式描述为

$$\boldsymbol{R}(f) = \boldsymbol{H}(f)\boldsymbol{S}(f) + \boldsymbol{B}(f) \tag{6-9}$$

式中，$\boldsymbol{S}^{\mathrm{T}}(f) = [S_1(f) \quad S_2(f) \quad \cdots \quad S_N(f)]$；$\boldsymbol{R}(f)$ 和 $\boldsymbol{B}(f)$ 在前面已有定义；设 $H_{nm}(f)$ 为 $h_{nm}(t)$ 的傅里叶变换，有

$$\boldsymbol{H}(f) = \begin{bmatrix} H_{11}(f) & H_{12}(f) & \cdots & H_{1M}(f) \\ H_{21}(f) & H_{22}(f) & \cdots & H_{2M}(f) \\ \vdots & \vdots & \ddots & \vdots \\ H_{N1}(f) & H_{N2}(f) & \cdots & H_{NM}(f) \end{bmatrix} \tag{6-10}$$

显然，MIMO 系统具有普遍适用性，其他三个系统都可以看作是 MIMO 系统的特例。

6.2　MIMO 水声扩频通信系统

6.2.1　系统模型

图 6-3 给出了 MIMO 水声扩频通信系统模型，发射垂直阵共有 M 个发射阵元，接收垂直阵共有 N 个接收阵元。每个发射阵元分配一条扩频序列，每个发射阵元

首先对发送信息序列 $a_m[i]$ 进行差分编码，然后利用分配得到的扩频序列对差分信息序列进行直接序列扩频，最后进行载波调制将扩频信号从基带搬移到通带上。各个发射阵元信号同时发射，分别经过各自的水声信道到达各个接收阵元。接收端各个阵元首先将接收信号从通带转换到基带，然后对接收数据进行 MIMO 时间反转镜处理，最后利用差分相关检测器（或本书提出的另外三种扩频接收机算法）进行解码。

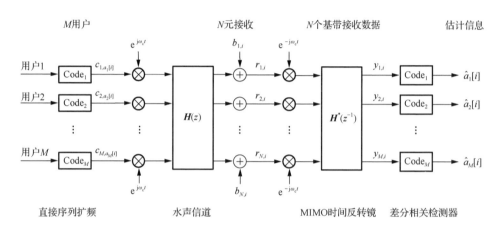

图 6-3　MIMO 水声扩频通信系统模型

下面通过公式来进行详细说明。

在 MIMO 水声扩频通信系统中，发射端第 m 个阵元基带发射信号为

$$s_m(t) = d_m[i]c_m(t) \qquad (6\text{-}11)$$

式中，$d_m[i]$ 为 $a_m[i]$ 的差分信息序列，其编码形式在式（2-6）已给出；$c_m(t)$ 为每个发射阵元分配的扩频序列。接收端将接收信号由通带转化为基带后，由式（6-6）可知 MIMO 系统接收端第 n 个阵元的输出为

$$r_n(t) = \sum_{m=1}^{M} h_{nm}(t) * s_m(t) + b_n(t) \qquad (6\text{-}12)$$

式中，$s_m(t)$ 为第 m 个发射阵元发射信号；$b_n(t)$ 为第 n 个接收阵元输出的噪声；$h_{nm}(t)$ 为第 m 个发射阵元与第 n 个接收阵元之间的水声信道。假设在接收端 $h_{nm}(t)$ 已知或可估计，在将各个接收阵元信号转换到基带后首先对接收信号进行 MIMO 时间反转镜处理[4]，则第 m 个发射信号在接收端的时间反转镜处理结果为

$$y_m(t) = \sum_{n=1}^{N} h_{nm}^*(-t) * r_n(t)n$$

$$= \sum_{n=1}^{N} \sum_{p=1}^{M} h_{nm}^*(-t) * h_{np}(t) * s_p(t) + \sum_{n=1}^{N} h_{nm}^*(-t) * b_n$$

$$= \sum_{p=1}^{M} q_{mp}(t) * s_p(t) + b'(t) \qquad\qquad （6-13）$$

式中，

$$q_{mp}(t) = \sum_{n=1}^{N} h_{nm}^*(-t) * h_{np}(t) \qquad\qquad （6-14）$$

定义为 MIMO Q 函数[5]；$b'(t)$ 为 MIMO 时间反转镜处理后的噪声分量。

考虑一个 $M \times N$（$M = N$）的 MIMO 扩频系统，定义 $\boldsymbol{Q}$ 为 MIMO Q 函数矩阵，则 $\boldsymbol{Q}$ 矩阵中的元素为 $\boldsymbol{Q}_{ij} = q_{ij}(t)$，可以看到 $\boldsymbol{Q}$ 为一 Hermitian 矩阵，即 $\boldsymbol{Q}^{\mathrm{H}} = \boldsymbol{Q}$。$\boldsymbol{Q}$ 矩阵中对角线的元素即为 SIMO Q 函数，而对角线之外的元素则为第 i 个发射阵元对第 i 个发射阵元的同道干扰。本节基于射线声学理论利用 Bellhop 软件对 MIMO 扩频系统中各个发射阵元到接收阵元间的信道进行仿真。仿真中，发射阵和接收阵的阵元间距均为 2m，水深 30m，声速梯度采用某海试实测值，通信距离为 3km。利用仿真得到的水声信道根据式（6-14）对 MIMO Q 函数进行计算。图 6-4 更形象地给出了利用仿真信道计算得出的 $\boldsymbol{Q}$ 矩阵，从图中可以看出 $[q_{mn}]_{m \neq n} \ll q_{mm}$、$[q_{mn}]_{m \neq n} \ll q_{nn}$。

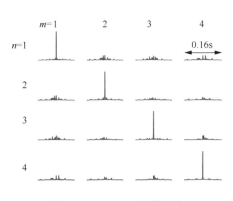

图 6-4　MIMO Q 函数矩阵

MIMO 时间反转镜处理后，即可利用直扩系统接收机算法对期望信号进行解码。例如当采用差分相关检测器时，对发射信号 1 的解码输出为

$$\mathrm{out}_1^{(k)}(t) = \mathrm{Re}\left\{ \left\langle y_1^{(k)}(t) \cdot c_1(t) \right\rangle \left\langle y_1^{(k-1)}(t) \cdot c_1(t) \right\rangle^* \right\} \qquad（6-15）$$

式中，$y_1^{(k)}(t)$ 为 MIMO 时间反转镜处理输出信号 $y_1(t)$ 第 k 个扩频符号持续时间信号，则有（为方便讨论暂不考虑噪声分量）

$$\left\langle y_1^{(k)}(t) \cdot c_1(t) \right\rangle = \left\langle \sum_{p=1}^{M} q_{1p}(t) * s_p(t) \cdot c_1(t) \right\rangle$$

$$= d_1[k]q_{11}(t) * \rho_{11}(t) + \sum_{p=1}^{M} d_p[k]q_{1p}(t) * \rho_{1p}(t) \qquad (6\text{-}16)$$

式中，$\rho_{1p}(t)$ 为扩频序列 $c_1(t)$ 与 $c_p(t)$ 的相关函数。由扩频序列相关特性可知 $\rho_{11}(t) \gg \rho_{1p}(t)$，由 $\boldsymbol{Q}$ 矩阵可知 $q_{11}(t) \gg q_{1p}(t)$，所以可认为式（6-16）中第二项为小量。因此式（6-15）可最终整理为

$$\text{out}_1^{(k)}(t) = a_1[k]\left(q_{11}(t) * \rho_{11}(t)\right)^2 + \Delta_{\text{MAI}} \qquad (6\text{-}17)$$

式中，Δ_{MAI} 为多址干扰分量。此时通过检测差分相关检测器相关峰即可完成解码。

若 MIMO 系统采用频域模型，则由式（6-9）可知 MIMO 水声扩频系统接收信号为

$$\boldsymbol{R}(f) = \boldsymbol{H}(f)\boldsymbol{S}(f) + \boldsymbol{B}(f) \qquad (6\text{-}18)$$

由于 6.1 节已完成对 MIMO 系统频域模型建立，这里不再对式（6-18）中各项定义进行赘述。则第 m 个发射信号的 MIMO 时间反转镜处理结果为

$$Y_m(f) = \boldsymbol{W}_m(f)\boldsymbol{R}(f) \qquad (6\text{-}19)$$

式中，$\boldsymbol{W}_m = [H_{1m}^*(f) \quad H_{2m}^*(f) \quad \cdots \quad H_{Nm}^*(f)]$。由于时间反转卷积在频域上等效于共轭相乘，因此被动时间反转镜又称为被动相位共轭。

6.2.2　MIMO 信道估计

前面介绍了 SISO 水声扩频通信系统中的信道估计方法。MIMO 系统对各个发射信号与接收阵元间的信道估计要比 SISO 系统复杂，原因在于在估计期望信号与各个接收阵元间的水声信道时将受到非期望信号的干扰[6]。本节将给出两种 MIMO 信道估计方法，它们分别基于最小均方误差（minimum mean square error，MMSE）准则和 LS 准则。两种 MIMO 信道估计方法具有相同估计思路：将 MIMO 信道估计转化为 N 个多输入单输出（multiple input single output, MISO）信道估计。这一思路很好理解，因为在待估计的 $M \times N$ 个信道中，每个待估计信道均只受其他 $M-1$ 信道的影响而非 $M \times N - 1$ 个信道的影响。

下面首先介绍基于 MMSE 准则的 MIMO 信道估计。

在 MIMO 系统中，每个接收阵元的接收信号均为一个 MISO 系统接收信号，第 n 个接收阵元的信号模型已由式（6-2）给出：

$$r_n[k] = \sum_{m=1}^{M} \boldsymbol{h}_{nm}^{\mathrm{T}} \boldsymbol{s}_m[k] + b[k]$$
$$= \boldsymbol{h}_n^{\mathrm{T}} \boldsymbol{s}[k] + b[k] \tag{6-20}$$

式中，$\boldsymbol{h}_n^{\mathrm{T}} = [\boldsymbol{h}_{n1}^{\mathrm{T}} \quad \boldsymbol{h}_{n2}^{\mathrm{T}} \quad \cdots \quad \boldsymbol{h}_{nm}^{\mathrm{T}}]$，其中 $\boldsymbol{h}_{n1}^{\mathrm{T}}, \boldsymbol{h}_{n2}^{\mathrm{T}}, \cdots, \boldsymbol{h}_{nm}^{\mathrm{T}}$ 为一组待估计的信道。可以看出，通过合理的建模我们可以把 MISO 系统模型转化为 SISO 系统模型 [参照式（6-2）]。因此将 MISO 接收信号模型转换成 SISO 接收信号模型后，待估计信道将作为一个整体同时进行估计，彼此间互不干扰。定义估计误差输出信号为

$$e[k] = r_n[k] - \hat{r}_n[k]$$
$$= r_n[k] - \hat{\boldsymbol{h}}_n^{\mathrm{T}} \boldsymbol{s}_e[k] \tag{6-21}$$

式中，$\hat{\boldsymbol{h}}_n^{\mathrm{T}} = \begin{bmatrix} h_0 & h_1 & \cdots & h_{L_e-1} \end{bmatrix}$ 为 $\boldsymbol{h}_n$ 的估计，其中 L_e 为估计长度；

$$\boldsymbol{s}_e^{\mathrm{T}}[k] = \begin{bmatrix} \boldsymbol{s}_1[k] & \boldsymbol{s}_2[k] & \cdots & \boldsymbol{s}_M[k] \end{bmatrix}$$
$$\boldsymbol{s}_m^{\mathrm{T}}[k] = \begin{bmatrix} s_m[k] & s_m[k-1] & \cdots & s_m[k-L_e+1] \end{bmatrix} \tag{6-22}$$

因此依据 MMSE 准则，代价函数定义为

$$J(\hat{\boldsymbol{h}}_n) = E\left\{ e^2[k] \right\} \tag{6-23}$$

通过寻找代价函数最小值即可完成信道估计。对代价函数最小值求解常用的办法是自适应算法，如若采用最小均方（least mean square，LMS）算法，只需进行如下三步即可完成最小均方误差搜索：

$$\hat{r}_n[k] = \boldsymbol{s}_e^{\mathrm{T}}[k] \boldsymbol{h}_e$$
$$e[k] = r_n[k] - \hat{r}_n[k] \tag{6-24}$$
$$\boldsymbol{h}_e = \boldsymbol{h}_e + \mu \boldsymbol{s}_e[k] e[k]$$

式中，μ 为 LMS 算法搜索步长。将上述过程重复 N 次即可得到 MIMO 系统中所有信道的估计。

下面介绍基于 LS 准则的 MIMO 信道估计。

在基于 MMSE 准则的信道估计中，我们对信号建模的过程是从 MISO 信号模型向 SISO 信号模型转化；在基于 LS 准则的信道估计中，我们将从 SISO 信号模型出发，推导并建立适合采用 LS 准则的 MISO 信号模型。

在 4.3.2 小节介绍 SISO 系统信道估计时，式（4-28）给出了 SISO 系统模型，事实上它是由式（6-2）推导得出的。依据式（4-28），可以得到 MISO 系统接收信号模型：

$$r_n = \sum_{m=1}^{n} S_m h_{nm} + b_n \tag{6-25}$$

式中，$r_n^{\mathrm{T}} = [r_n[k] \ r_n[k+1] \ \cdots \ r_n[k+L_d-1]]$；$S_m^{\mathrm{T}} = [s_m^{\mathrm{T}}[k] \ s_m^{\mathrm{T}}[k+1] \ \cdots \ s_m^{\mathrm{T}}[k+L_e-1]]$，其中 L_d 为接收数据长度，$s_m^{\mathrm{T}}[k]$ 与式（6-22）相同；b_n 为噪声矢量。因此对式（6-25）可进一步整理：

$$r_n = S h_n + b_n \tag{6-26}$$

式中，$S = [S_1 \quad S_2 \quad \cdots \quad S_M]$；$h_n$ 定义与式（6-20）中定义相同。因此根据式（6-26）可知 LS 准则的代价函数为

$$J(\hat{h}_n) = (r_n - S\hat{h}_n)^{\mathrm{T}} (r_n - S\hat{h}_n) \tag{6-27}$$

使 $J(\hat{h}_n)$ 取值最小时的 $\hat{h}_n$ 即为所估计的信道：

$$\hat{h}_n = (S^{\mathrm{T}}S)^{-1} S^{\mathrm{T}} r_n \tag{6-28}$$

显然，以上两种信道估计算法也可以应用在异步 CDMA 系统中，但首先需要对各个用户的时延信息进行估计。

6.3   MIMO 频域均衡技术

6.3.1   聚焦屏蔽权向量

6.2 节对 MIMO 时间反转镜处理进行了分析说明，通过式（6-19）可知 MIMO 时间反转镜处理在频域上相当于乘以一个权向量 W_m。下面将以频域权向量处理为中心讨论 MIMO 频域均衡技术。

对式（6-18）的 MIMO 频域模型重新整理为

$$R = \sum_{m=1}^{M} S_m H_m + B \tag{6-29}$$

式中，$H_m^{\mathrm{T}} = [H_{1m}(f) \quad H_{2m}(f) \quad \cdots \quad H_{Nm}(f)]$ 为矩阵 H 的第 m 个列向量，其中 $H_{nm}(f)$ 为第 m 个发射阵元与第 n 个接收阵元之间的水声信道 $h_{nm}(t)$ 的傅里叶变换；$S_m(f)$ 为第 m 个发射信号 $s_m(t)$ 的傅里叶变换，为了方便书写将 f 省略。首先考虑 $2 \times N$ MIMO 系统，有（为方便讨论暂不考虑噪声矢量）

$$R = S_1 H_1 + S_2 H_2 \tag{6-30}$$

在 MIMO 时间反转镜频域处理中，若将 S_1 视为期望信号，S_2 视为干扰信号，则频域时间反转聚焦权向量取 $W_1 = H_1^H$，则有

$$Y_1 = W_1 R$$
$$= S_1 H_1^H H_1 + S_2 H_2^H H_2 \tag{6-31}$$

式中，第一项为期望输出，第二项为干扰输出。可以看到 $H_1^H H_1$ 和 $H_2^H H_2$ 分别为 MIMO Q 函数中 $q_{11}(t)$ 和 $q_{12}(t)$ 的傅里叶变换，由前面分析可知干扰信号 S_2 将被抑制。

下面定义频域聚焦屏蔽权向量：

$$W_1 = H_1^H [I - H_2 (H_2^H H_2)^{-1} H_2^H] \tag{6-32}$$

则式（6-30）干扰信号项输出为

$$S_2 W_1^H H_2 = S_2 H_1^H [I - H_2 (H_2^H H_2)^{-1} H_2^H] H_2 = \mathbf{0} \tag{6-33}$$

期望项输出为

$$S_1 W_1^H H_1 = S_1 H_1^H [I - H_2 (H_2^H H_2)^{-1} H_2^H] H_1$$
$$= S_1 H_1^H H_1 - S_1 H_1^H H_2 (H_2^H H_2)^{-1} H_2^H H_1 \tag{6-34}$$

式中，第一项即为频域时间反转镜处理输出项，由 MIMO Q 函数可知第二项为小量。因此式（6-32）给出的权向量实现了对期望信号聚焦、非期望信号屏蔽的作用。事实上，聚焦屏蔽权向量并非真正去除了非期望信号的干扰，而是将干扰项中的干扰转移到式（6-34）的第二项中。因此聚焦屏蔽权向量是通过牺牲聚焦（时间反转）增益来屏蔽非期望信号干扰的。

图 6-5 通过仿真给出了时间反转聚焦权向量和聚焦屏蔽权向量对 2×2 MIMO 扩频系统处理输出信干比对比结果，其中处理输出的信干比通过频域均衡处理后得到的信号与本地参考扩频序列的匹配相关峰归一化幅度给出。可知信干比越高归一化相关峰幅度越高，信干比与归一化幅度呈正相关。由于频域均衡后的信号将直接通过扩频接收机进行解码，而本书中给出的扩频接收机算法均要将频域均衡后的信号与本地参考扩频序列进行相关运算，因此通过输出归一化相关峰将更加直观地体现频域均衡处理对 MIMO 扩频系统性能的提升程度。图 6-5（a）为不进行频域处理的期望信号与本地参考扩频序列的归一化相关峰输出结果，可以看到噪声、多途扩展以及非期望用户信号的干扰使得相关峰幅度较低。图 6-5（b）和（c）分别为时间反转聚焦权向量和聚焦屏蔽权向量频域处理后的期望信号与本地参考扩频序列的归一化相关峰输出结果，可以看到与图 6-5（a）相比相关峰幅度明显增高，说明两种频域处理方式均提高了输出信干比，同时相关峰为单峰说明了期望信号在时域上得到了聚焦。另外，两种权向量频域处理后的期望信号相

关峰输出幅度近似相等也验证了前面的分析，即聚焦屏蔽权向量是以牺牲聚焦增益来屏蔽非期望信号干扰的。

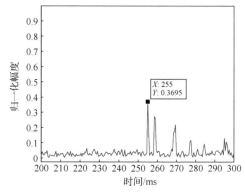

（a）不进行频域处理

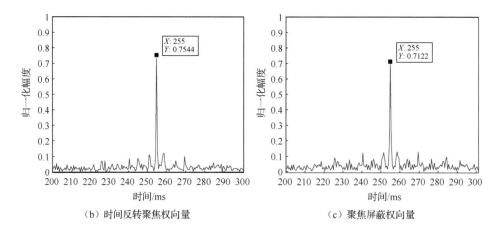

（b）时间反转聚焦权向量　　　　　　　（c）聚焦屏蔽权向量

图 6-5　频域均衡前后输出相关峰对比

在 MIMO 水声扩频通信系统中，虽然各个发射阵元与各个接收阵元的水平距离相同，但发射深度的不同将有可能导致发射信号到达同一接收阵元时的传播损失不同，即不同深度的发射信号到达同一接收阵元时的信号功率不同。当干扰信号接收功率大于期望信号接收功率时，两种频域权向量的处理输出信干比将出现差异。这是因为，式（6-31）的时间反转聚焦权向量频域处理结果中，主要干扰的干扰功率为 $\{A_2 S_2 \boldsymbol{H}_1^{\mathrm{H}} \boldsymbol{H}_2\}$，其中 $\{\cdot\}$ 表示求信号功率，A_2 表示干扰项幅度（设期望信号幅度为 1，$A_2 > 1$），时间反转聚焦权频域处理输出信干比将随 A_2 的增大而减小。而聚焦屏蔽权向量则将干扰信号屏蔽掉，其牺牲聚焦增益值只与 $\boldsymbol{H}_1$ 和 $\boldsymbol{H}_2$ 的差异性有关［参考式（6-34）］。在 2×2 MIMO 扩频系统中，当接收阵元接收信号功率不同时，图 6-6 给出了分别采用时间反转聚焦权向量和聚焦屏蔽权向量频域处理的输出信干比对比结果，其中干扰信号接收功率比期望信号接收功率高 6dB。可以看到，与时间反转聚焦权向量处理结果相比聚焦屏蔽权向量对干扰信号的屏蔽处理显著提高了输出信干比。

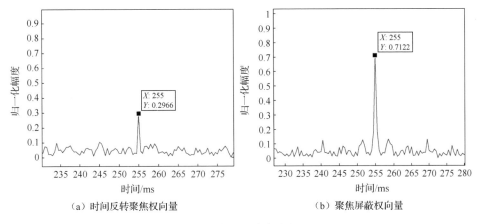

（a）时间反转聚焦权向量　　　　　　　　（b）聚焦屏蔽权向量

图 6-6　不同频域均衡输出相关峰对比（2×2 MIMO）

由前面分析可知接收阵元数量的增加可提高时间反转聚焦增益，因此在 $2×N$ MIMO 扩频系统中随着接收阵元个数 N 的增加，时间反转聚焦权向量和聚焦屏蔽权向量的频域处理后的输出信干比将增大。图 6-7 给出的仿真结果验证了这一结论，仿真中采用的是 $2×4$ MIMO 扩频系统，其中干扰信号接收功率比期望信号接收功率高 6dB。对比图 6-6（a）和图 6-7（a）以及图 6-6（b）和图 6-7（b）的相关峰归一化幅度可以看出，增加接收阵元数量明显提高了系统输出信干比。

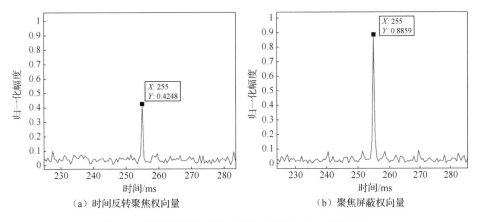

（a）时间反转聚焦权向量　　　　　　　　（b）聚焦屏蔽权向量

图 6-7　不同频域均衡输出相关峰对比（2×4 MIMO）

以上对聚焦屏蔽权的讨论限定在 $2 \times N$ MIMO 扩频系统中，下面将给出 $M \times N$ MIMO 系统聚焦屏蔽权向量的频域处理原理。按照式（6-29）给出的 $M \times N$ MIMO 系统频域模型，有（假设第 m 个阵元发射信号为期望信号且暂不考虑噪声矢量）

$$
\begin{aligned}
\boldsymbol{R} &= S_m \boldsymbol{H}_m + \sum_{p=1, p \neq m}^{M} S_p \boldsymbol{H}_p \\
&= S_m \boldsymbol{H}_m + \boldsymbol{K} \boldsymbol{S}_0
\end{aligned}
\tag{6-35}
$$

式中，

$$
\begin{aligned}
\boldsymbol{K} &= \begin{bmatrix} \boldsymbol{H}_1 & \boldsymbol{H}_2 & \cdots & \boldsymbol{H}_p & \cdots & \boldsymbol{H}_M \end{bmatrix}, \quad p \neq m \\
\boldsymbol{S}_0^{\mathrm{T}} &= \begin{bmatrix} S_1 & S_2 & \cdots & S_p & \cdots & S_M \end{bmatrix}
\end{aligned}
\tag{6-36}
$$

则式（6-35）回到了式（6-30）的形式，因此聚焦屏蔽权 $\boldsymbol{W}_m$ 为

$$
\boldsymbol{W}_m = \boldsymbol{H}_m^{\mathrm{H}} (\boldsymbol{I} - \boldsymbol{K}(\boldsymbol{K}^{\mathrm{H}} \boldsymbol{K})^{-1} \boldsymbol{K}^{\mathrm{H}})
\tag{6-37}
$$

图 6-8 分别给出了 4×4 MIMO 扩频系统和 4×8 MIMO 扩频系统利用聚焦屏蔽权向量进行频域处理后的输出相关峰对比结果。

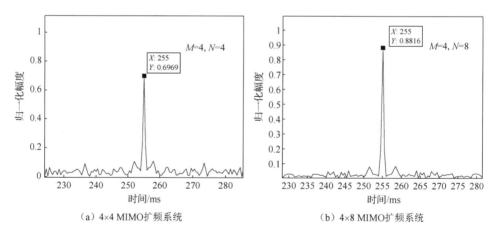

（a）4×4 MIMO扩频系统　　　　　（b）4×8 MIMO扩频系统

图 6-8　不同接收阵元个数输出相关峰对比

以上讨论中忽略了噪声矢量，但仿真结果中均包含了噪声干扰，由于权向量的处理均是线性的，因此线性叠加的噪声矢量对其处理结果没有产生对信号结构上的影响，噪声矢量功率的高低只会影响系统输出信干比。需要注意的是，

式（6-37）给出的聚焦屏蔽权向量中的 $\boldsymbol{K}$ 为一个 $N \times (M-1)$ 矩阵。当 $N = M - 1$ 时，$\boldsymbol{K}$ 为方阵，则 $\boldsymbol{I} - \boldsymbol{K}(\boldsymbol{K}^{\mathrm{H}}\boldsymbol{K})^{-1}\boldsymbol{K}^{\mathrm{H}} = \boldsymbol{0}$；当 $N < M - 1$ 时，$(\boldsymbol{K}^{\mathrm{H}}\boldsymbol{K})^{-1}\boldsymbol{K}^{\mathrm{H}}$ 将成为 $\boldsymbol{K}$ 的伪右逆阵[7]，同样有 $\boldsymbol{I} - \boldsymbol{K}(\boldsymbol{K}^{\mathrm{H}}\boldsymbol{K})^{-1}\boldsymbol{K}^{\mathrm{H}} = \boldsymbol{0}$。即在 MIMO 扩频系统中，当发射阵元个数大于接收阵元个数时，聚焦屏蔽权矢量将为零向量。因此，聚焦屏蔽权矢量的应用将限定在 $N \geqslant M$ 的 MIMO 扩频系统中。

6.3.2　求逆权矩阵

上面介绍了基于聚焦屏蔽权向量的 MIMO 频域均衡技术，下面将以权矩阵处理为中心来研究 MIMO 频域均衡技术。同样以时间反转镜频域均衡为出发点，对式（6-19）进行整理可得

$$Y = WHS + WB \tag{6-38}$$

式中，$Y = [Y_1(f) \quad Y_2(f) \quad \cdots \quad Y_M(f)]$；$W = H^{\mathrm{H}}$。从式（6-38）角度来看，时间反转频域处理可以看成一个权矩阵 W 与接收信号频域矢量相乘，我们在此将其定义为时间反转权矩阵。若令 $W = H^{\dagger}$，其中当 $M = N$ 时上标"$\dagger$"表示对矩阵 H 求逆，当 $M \neq N$ 时上标"$\dagger$"表示对矩阵 H 求广义逆，我们将其定义为求逆权矩阵。则式（6-38）将变为

$$\begin{aligned} Y_W &= WHS + WB \\ &= S + H^{\dagger}B \end{aligned} \tag{6-39}$$

可以看到各个接收信号经过求逆权矩阵的频域处理被区分开，因此在后续的处理中理论上将互不干扰。

下面通过计算机仿真对求逆权矩阵的 MIMO 频域处理性能进行分析。

在不同信噪比条件下（仿真中假设各个接收阵元信噪比相同），分别对 4×4 MIMO 系统采用求逆权矩阵和聚焦权向量频域处理，处理后得到的期望信号分别与参考扩频序列进行归一化相关运算。图 6-9 给出了归一化相关峰输出结果，其中图 6-9（a）和（b）为求逆权矩阵处理对应的在不同信噪比条件下的结果，图 6-9（c）和（d）为时间反转聚焦权向量处理对应的在不同信噪比条件下的结果。

可以看到 4×4 MIMO 系统中求逆权矩阵在不同信噪比条件下的处理对应的归一化相关峰出现了明显的幅度变化，而时间反转聚焦权向量在不同信噪比条件下的处理对应的归一化相关峰幅度变化则相对不明显。出现这一结果的原因在于：

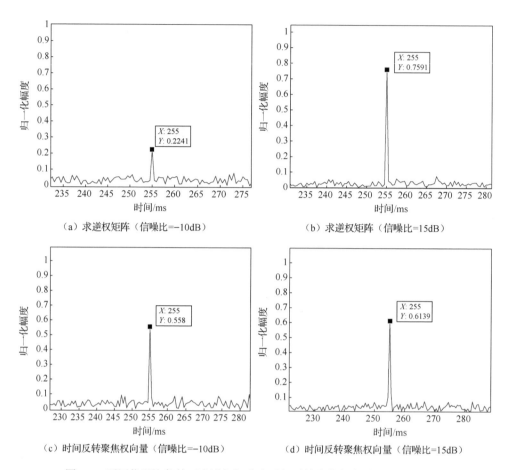

（a）求逆权矩阵（信噪比=−10dB）　　　　　（b）求逆权矩阵（信噪比=15dB）

（c）时间反转聚焦权向量（信噪比=−10dB）　　（d）时间反转聚焦权向量（信噪比=15dB）

图 6-9　不同信噪比条件下求逆权矩阵和时间反转聚焦权向量处理结果对比

时间反转聚焦权向量在对 MIMO 信号进行均衡处理时利用的是时间聚焦和空间聚焦增益，主要与水声信道的空间差异有关，更确切地说是跟水声信道的物理特性有关；而求逆权矩阵则主要从数学角度上利用 MIMO 信号模型结构完成均衡处理，在求逆权矩阵处理时信道估计误差、阵元接收噪声干扰等都会转移到输出的信号中作为噪声干扰项存在。因此，在低信噪比条件下，求逆权矩阵的求逆运算虽然也实现了对期望信号的均衡［图 6-9（a）输出相关峰为单峰］，但转移到期望输出信号上的噪声干扰也很大，而时间反转聚焦权向量由于时间反转镜处理增益有效地抑制了噪声干扰；在高信噪比条件下，噪声影响可以忽略，可以看到求逆权矩阵的处理结果要优于时间反转聚焦权向量的处理结果，这主要是因为求逆权矩阵可以更好地将各个发射信号分离开，从而使各个期望信号得到更高的信干比。

通过增加接收阵元数量可显著提高求逆权矩阵处理增益。从 $4 \times N$ MIMO 系统中时间反转聚焦权向量和求逆权矩阵频域处理后各个期望信号与本地扩频序列归一化相关结果中提取峰值，图 6-10 给出了各个期望信号的相关峰峰值曲线，其中接收阵元个数 $N = 1 \sim 8$，信噪比为 15dB。观察式（6-39）可以发现求逆权矩阵处理等价于对线性方程组 $\boldsymbol{R} = \boldsymbol{HS}$ 求解，其中 $\boldsymbol{H}$ 为系数矩阵，因此线性方程组在求解过程中必然受到噪声矢量 $\boldsymbol{B}$ 的干扰。

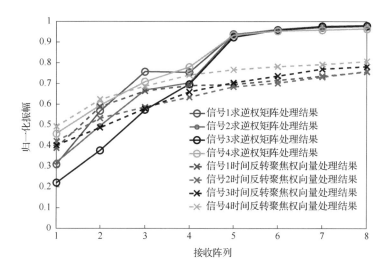

图 6-10　求逆权矩阵与时间反转聚焦权向量处理输出相关峰峰值曲线（彩图附书后）

考虑以下两种情况：

（1）当 $M \geqslant N$ 时，线性方程组 $\boldsymbol{R} = \boldsymbol{HS}$ 为一致方程。在 $M = N$ 且方程系数矩阵的秩等于增广矩阵的秩时，线性方程组有唯一解，而在 $M > N$ 时，求逆权矩阵的处理结果等价于求解一致方程的最小范数解[7]：

$$\min_{\boldsymbol{R} = \boldsymbol{HS}} \|\boldsymbol{S}(f)\| = \|\boldsymbol{WR}\| \tag{6-40}$$

（2）当 $M < N$ 时，线性方程组 $\boldsymbol{R}(f) = \boldsymbol{H}(f)\boldsymbol{S}(f)$ 为非一致方程，求逆权矩阵的处理结果等价于求解非一致方程的最小二乘解，满足[7]：

$$\|\boldsymbol{HY} - \boldsymbol{R}\| = \inf_{\boldsymbol{S}} \|\boldsymbol{HS} - \boldsymbol{R}\| \tag{6-41}$$

式中，inf 表示函数下确界。因此，在 $M < N$ 时求逆权矩阵的处理结果将具有抗噪声矢量干扰的能力，且随着 N 的增大，抗噪能力增强。对比求逆权矩阵和时间反转聚焦权向量输出曲线，可以看到在 $M < N$ 时求逆权矩阵的频域均衡处理要优于时间反转聚焦权向量。

由于求逆权矩阵处理实现了对各个发射信号的分离,因此采用求逆权矩阵的频域均衡处理对非期望信号的强功率干扰不敏感。下面同样通过相关峰输出曲线来对比分析求逆权矩阵和聚焦屏蔽权向量的性能。仿真中信号 2～4 的接收功率均比信号 1 的接收功率高 3dB,图 6-11 给出了求逆权矩阵和聚焦屏蔽权向量处理后输出期望信号 1 与本地参考扩频序列的归一化相关峰峰值曲线。可以看到,在低信噪比条件下,聚焦屏蔽权向量处理弱接收信号的性能要优于求逆权矩阵;在高信噪比条件下,当 $M < N$ 时,求逆权矩阵处理弱接收信号的性能要优于聚焦屏蔽权向量。

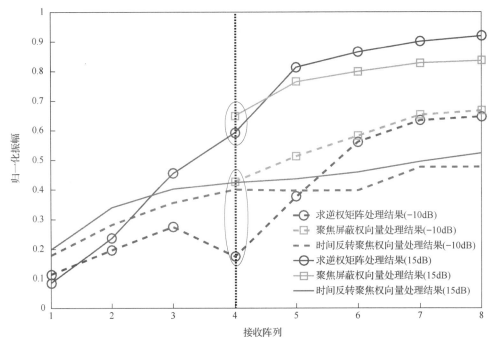

图 6-11　求逆权矩阵与聚焦屏蔽权向量处理输出相关峰峰值曲线（彩图附书后）

本节共讨论了 3 个 MIMO 频域均衡技术,分别为时间反转镜频域技术（被动相位共轭技术）、聚焦屏蔽权向量频域均衡技术和求逆权矩阵频域均衡技术。综合本节的所有分析可以得出以下结论:①被动相位共轭技术适用于所有 MIMO 扩频系统,聚焦屏蔽权向量频域均衡技术适用于 $M \geqslant N$ 的 MIMO 扩频系统,求逆权矩阵频域均衡技术也适用于所有 MIMO 扩频系统;②在进行 MIMO 水声扩频通信系统设计时应尽量保证接收阵元个数大于发射阵元个数;③3 种 MIMO 频域均衡技术在一定条件下均具有各自的优势,被动相位共轭技术和聚焦屏蔽权向量频域均衡技术均是从水声信道物理特性角度得出,因此在实际应用中其处理性能将依赖接收信道空间差异。求逆权矩阵频域均衡技术则从信号处理角度得出，因此在实际应用中其处理性能不依赖接收信道空间差异，性能与信噪比和接收阵元个数有关。在小尺度 MIMO 水声扩频通信系统中求逆权矩阵将更有优势。

6.4　M 元扩频编码在 MIMO 水声通信中的应用

设传统直扩系统的通信速率为 R_a（bit/s），则 $M \times N$ 的 MIMO 扩频通信系统的通信速率为 MR_a（bit/s）。本节所讨论的内容将在此基础上进一步提高通信速率，而 M 元扩频编码映射则是在不影响 MIMO 扩频系统结构及频域均衡增益条件下进一步提高扩频水声系统通信速率的最佳选择。

本书在第 2 章中介绍了 M 元扩频编码技术：从 M 条扩频序列选择 r 条进行扩频编码映射。在 SISO 扩频水声系统中，当 $r > 1$ 时，M 元扩频编码映射后的 r 条扩频序列是叠加后发射的，这使得在发射功率有限的情况下分配到每条扩频序列上的发射功率是有限的，因此接收端每条扩频序列的信噪比较低，给检测带来较大的困难。将 M 元扩频编码应用在 MIMO 系统中将不存在这一问题。

图 6-12 给出基于 M 元扩频编码映射的 MIMO 水声扩频系统原理框图。将 M 元扩频编码技术应用在 MIMO 水声通信系统中，从 M 条扩频序列中选择 M 条序列进行组合扩频编码映射，并利用 M 个发射阵元同时将其发送出去。在 MIMO 接收端利用 MIMO 频域均衡技术将接收的 M 条扩频序列分离，并逐个检测。通过检测得到的序列进行 M 元扩频编码逆映射，最终恢复出信息序列。由于 M 元扩频编码映射在第 2 章已进行详细讨论，这里不再赘述。

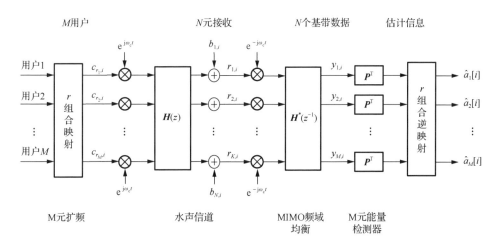

图 6-12　基于 M 元扩频编码映射的 MIMO 水声扩频系统原理框图

下面进一步提出基于分组 M 元扩频编码的 MIMO 水声通信系统，其系统原理图如图 6-13 所示。分组 M 元扩频编码利用组合扩频编码和循环移位扩频编码相结合的方式对发送信息序列进行扩频编码映射，可进一步提高水声扩频通信系统的通信速率。下面对基于分组 M 元扩频编码的 MIMO 水声通信系统进行说明。

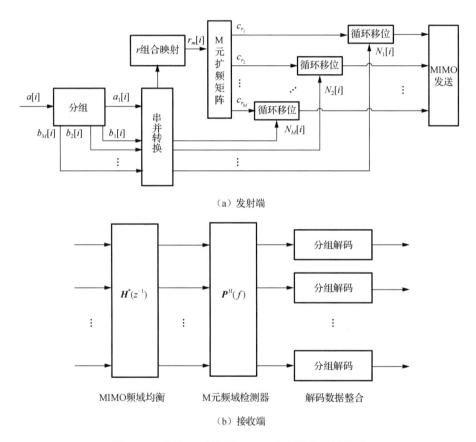

（a）发射端

（b）接收端

图 6-13　分组 M 元扩频 MIMO 水声通信系统框图

$M \times N$ MIMO 扩频系统发射端是以每 Num bit 发送信息序列为一组进行编码映射的，有

$$\begin{aligned}
\text{Num} &= L_1 + ML_2 \\
L_1 &= [\log_2 C_{M_c}^M] \\
L_2 &= [\log_2 N_c]
\end{aligned} \tag{6-42}$$

式中，N_c 为扩频序列长度；M_c 为 M 元矩阵中扩频序列个数；M 为 MIMO 系统中发射阵元个数；$[\cdot]$ 表示取整。设第 i 组包含 Num bit 的信息序列为 $a[i]$，则在分组 M 元扩频编码前首先将 $a[i]$ 分成 $a_1[i]$ 和 $a_2[i]$ 两大组，其中 $a_1[i]$ 为 $a[i]$ 中前 L_1 bit 信息，$a_2[i]$ 为 $a[i]$ 中后 ML_2 bit 信息。$a_1[i]$ 经过串并转换后主要通过 r 组合映射算法来得到组合序号 $r_m[i]$（$m=1,2,\cdots,M$），并利用 $r_m[i]$ 来选择 M 条扩频序列；$a_2[i]$ 经过串并转换后分别控制前面已选择的 M 条扩频序列进行循环移位。因此，还需将 $a_2[i]$ 进一步分成 M 组（每组包含 L_2 bit 信息序列），并对每组信息序列进行串并转换。设 $a_2[i]$ 分成的 M 组信息序列串并转换后的十进制序列为 $N_m[i]$，则 $M \times N$ MIMO 扩频系统第 m 发射阵元的基带信号可以表示为

$$s_m = \boldsymbol{K}^{N_m[i]} c(r_m[i]) \tag{6-43}$$

式中，$\boldsymbol{K}$ 为循环移位矩阵；$c(r_m[i])$ 表示 M 元扩频序列矩阵中序号为 $r_m[i]$ 的扩频序列矢量。可以看到，原始发送的 Num bit 信息已经分别映射到扩频序列组合序号和每条被选择扩频序列的循环移位次数当中。

在 $M \times N$ MIMO 扩频系统接收端，在完成同步和信道估计后，首先利用 6.3 节提出的频域均衡算法将 M 个发射信号分离。假设 M 个发射信号完全分离不存在干扰，则利用 M 元频域能量检测器的频域输出结果为

$$\boldsymbol{Y}_m(f) = S_m(f) \boldsymbol{P}(f) \tag{6-44}$$

式中，$S_m(f)$ 为 $s_m(t)$ 的傅里叶变换；$\boldsymbol{P}(f) = [C^*(1) \quad C^*(2) \quad \cdots \quad C^*(M_c)]$，其中 $C^*(k)$ 表示 M 元扩频序列矩阵中扩频 $c(k)$ 的傅里叶变换。对 $\boldsymbol{Y}_m(f)$ 中每个元素进行逆傅里叶变换后取能量输出，则第 p 个输出能量信号可表示为

$$
\begin{aligned}
y_m(p) &= \left| \text{IFFT}\left[S_m(f) C^*(p) \right] \right|^2 \\
&= \left| \text{IFFT}\left[e^{-j\omega N_m[i]} C(r_m[i]) C^*(p) \right] \right|^2 \\
&= \rho_{r_r[i],p}^2 (t - N_m[i])
\end{aligned}
\tag{6-45}
$$

即 M 元频域能量检测器的时域输出能量向量 $\boldsymbol{y}_m$ 中的每个元素为扩频序列间的互相关函数在时域上的延迟，延迟长度即为被选择扩频序列的循环移位长度。由扩频序列自相关和互相关特性可知，当且仅当 $p = r_m[i]$ 时 $\boldsymbol{y}_m$ 中元素的能量取最大值。因此通过检测 $\boldsymbol{y}_m$ 中元素能量最大值出现的位置即可得到 $r_m[i]$，而对 $\boldsymbol{y}_m$ 中第 $r_m[i]$ 个元素输出相关峰检测延时即可得到 $N_m[i]$。最后通过得到的 $r_m[i]$ 和 $N_m[i]$ 进行逆映射变换完成最终解码。

假设在一个 $4 \times N$ MIMO 水声扩频通信系统中，扩频序列选用 6 个周期为 511

的 m 序列，则对每个发射信号进行检测时，M 元频域能量检测器的时域输出能量向量将包含 6 个元素。图 6-14 通过仿真给出了 $4 \times N$ MIMO 系统中对第 m 个发射信号检测时 M 元频域能量检测器的时域输出向量示意图，可以看到第 3 个元素的能量最大且其相关峰延迟 28.5ms。因此根据式（6-45）可知 $N_m[i]=(T-28.5)f_s=40$、$r_m[i]=3$（其中 T 为扩频符号持续时间，f_s 为基带信号采样率），从而完成译码。

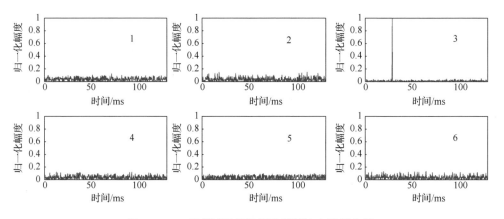

图 6-14   M 元频域能量检测器时域输出能量向量

2015 年 1 月，作者所在课题组在哈尔滨松花江进行了国内首次冰下声学试验，旨在为极地声学研究打下基础。随后于 2016 年 1 月在渤海鲅鱼圈进行了冰下水声通信试验。鲅鱼圈位于营口市南部，地处北纬 40°15′～40°20′、东经 121°8′～122°15′，中国沿海十大港口之一的营口港就坐落于此，是东北腹地最近、最便捷的出海通道。冬季天气寒冷、气候干燥，最低气温-31℃，一月份会结 0.4～1.0m 左右的海冰。为方便说明将渤海鲅鱼圈冰下水声扩频通信试验命名为 ExBH16。

ExBH16 试验的主要系统参数为：带宽 4kHz，载波中心频率 12kHz，扩频序列选用周期为 511 和 127 的 m 序列，M 元扩频选用周期为 512 和 128 的正交组合序列。试验中发射端和接收端分别选在相距 1km 的栈桥和码头进行吊放，ExBH16 试验布局示意图如图 6-15 所示。发射端采用 8～20kHz 发射换能器发射，接收端采用 4 元矢量垂直阵（阵元间距 1.5m）接收。ExBH16 试验实测水声信道如图 6-16 所示，可以看到冰下信道结构在观测时间内非常稳定，主要原因在于：①上表面由冰层覆盖，信号不受随机起伏界面影响；②收发双方均固定在冰面，不存在任何相对运动；③测试海域水体分布较为均匀。

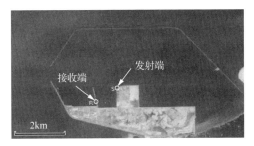

图 6-15　ExBH16 试验布局示意图（彩图附书后）

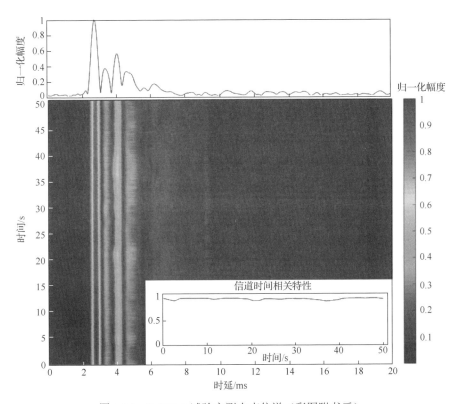

图 6-16　ExBH16 试验实测水声信道（彩图附书后）

由于发射换能器和功放数量有限，最多只能同时发送两路信号，即 ExBH16 试验接收数据为 $2 \times N$ MIMO 系统接收数据。

我们首先以一组 ExBH16 试验接收的 2×4 MIMO 数据进行分析说明。试验中，两路直扩信号由两个发射换能器同时发送，发射换能器间距 5m；接收端为 4 元垂直阵接收，阵元间距 1.5m。图 6-17 给出了接收阵第一个阵元的信号分别与本地两个参考扩频序列匹配输出结果。可以看到，发射信号 1、2 的匹配输出归一化相关峰出现明显差距,这说明发射信号 1 和发射信号 2 到达接收阵元时的功率不等,该结果验证了 6.3 节的分析。发射信号 2 已经对发射信号 1 产生强干扰,因此 MIMO 频域均衡便显得格外重要。

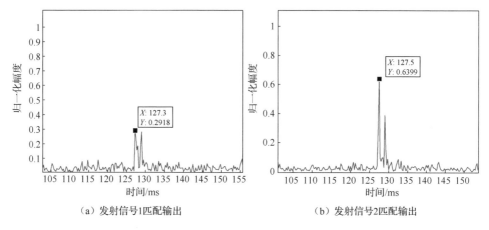

（a）发射信号1匹配输出　　　　（b）发射信号2匹配输出

图 6-17　本地扩频序列与接收阵元信号匹配输出

对于发射信号 1 分别利用时间反转聚焦权向量和聚焦屏蔽权向量进行频域处理,处理后的输出信号分别与发射信号 1 对应的扩频序列进行匹配,输出结果如图 6-18 所示。可以看到,两种处理均得到明显的处理增益,聚焦屏蔽权向量的处理效果要优于时间反转聚焦权向量的处理效果,从而验证了 6.3 节的分析。

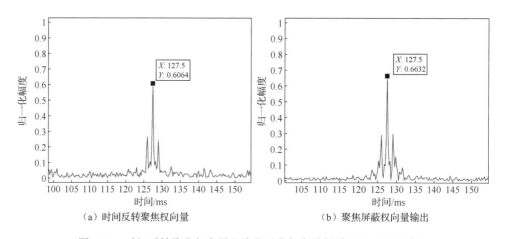

（a）时间反转聚焦权向量　　　　（b）聚焦屏蔽权向量输出

图 6-18　时间反转聚焦权向量和聚焦屏蔽权向量频域处理后匹配输出

根据 6.3 节的讨论分析结果可知：在 $M \times N$ MIMO 扩频系统中，当 $N > M$ 时最优 MIMO 频域均衡权为求逆权矩阵。图 6-19 给出的求逆权矩阵对 2×4 MIMO 系统接收信号处理结果验证了这一结论。另外，对比图 6-18 和图 6-19 的匹配输出结果可以发现，求逆权矩阵处理后的匹配输出结果为单峰，即求逆权矩阵不仅将各个信号间的干扰分离还对各个用户进行了很好的信道均衡，而时间反转聚焦权向量和聚焦屏蔽权向量的处理结果则出现了明显的旁瓣，须增加接收阵元个数才能有效降低旁瓣，这进一步说明了求逆权矩阵的优势。

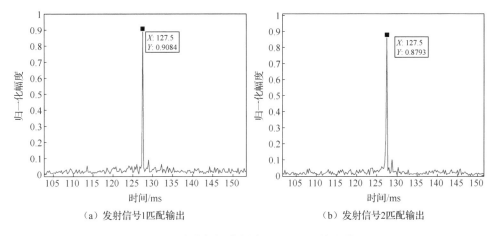

(a) 发射信号1匹配输出　　　　　　(b) 发射信号2匹配输出

图 6-19　求逆权矩阵频域处理后匹配输出结果

接下来我们讨论 4×4 MIMO 水声扩频通信 ExBH16 试验接收数据，该数据由两个实际的 2×4 MIMO 水声扩频通信接收数据叠加组合而成。在 4×4 MIMO 扩频系统中，各个接收信号之间的干扰将更加严重。如图 6-20（a）所示，1 号接收阵元数据与发射信号 1 对应的本地参考扩频序列进行匹配处理时，输出相关峰较低。图 6-20（b）～图 6-20（d）给出了采用不同频域均衡算法对发射信号 1 的处理结果。可以看到，利用时间反转聚焦权向量、聚焦屏蔽权向量和求逆权矩阵均实现了较好的处理结果，其中聚焦屏蔽权向量的处理增益最高。

由 6.3.2 小节的仿真分析及得出的结论可知，若增加一个接收阵元数据，求逆权矩阵的处理增益将增加。而 ExBH16 试验是采用 4 元矢量垂直阵对 MIMO 扩频信号进行接收的，每个接收阵元在输出一路声压信号的同时还会输出两路振速信号。我们增加一路振速信号，即第五个接收阵元的接收信号为第一个矢量阵元的振速输出信号，从而得到一个 4×5 MIMO 水声扩频通信数据。图 6-21 给出了对 4×5 MIMO 水声扩频通信接收信号分别采用时间反转聚焦权向量、聚焦屏蔽权向量及求逆权矩阵的处理结果。对比图 6-21（c）与图 6-20（d）可以看到，当增加一个阵元接收信号时求逆权矩阵的处理增益明显提升，实际数据处理结果与本节仿真分析一致。

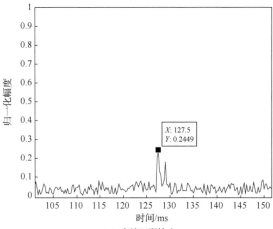

（a）直接匹配输出

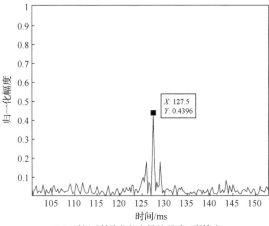

（b）时间反转聚焦权向量处理后匹配输出

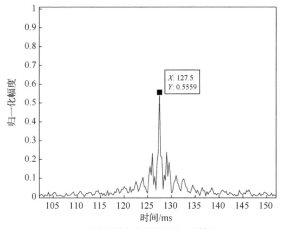

（c）聚焦屏蔽权向量处理后匹配输出

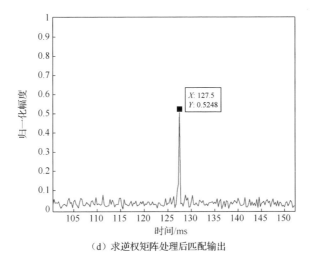

（d）求逆权矩阵处理后匹配输出

图 6-20　4×4 MIMO 扩频接收信号处理结果

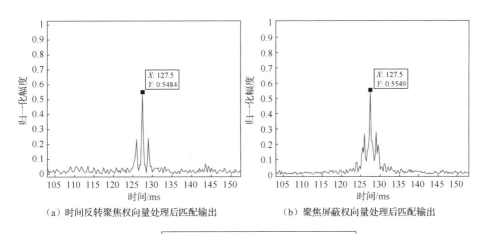

（a）时间反转聚焦权向量处理后匹配输出　　　　　（b）聚焦屏蔽权向量处理后匹配输出

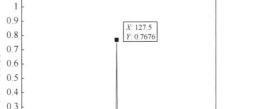

（c）求逆权矩阵处理后匹配输出

图 6-21　4×5 MIMO 扩频接收信号处理结果

　　将另外三个阵元的振速输出信号也加入到 MIMO 系统中组成 4×8 MIMO 水声扩频通信系统，时间反转聚焦权向量、聚焦屏蔽权向量及求逆权矩阵的处理结果如图 6-22 所示。对比图 6-22（c）与图 6-21（c）的求逆权矩阵的处理结果可以发现，当阵元数量进一步增加时，求逆权矩阵的处理增益也随之进一步增加，因此 MIMO 水声扩频通信系统中采用矢量阵接收将体现出明显优势，对于求逆权矩阵来说，采用矢量阵接收的 $M \times N$ MIMO 通信系统从信号处理角度可近似等效于一个 $M \times 3N$ MIMO 通信系统。

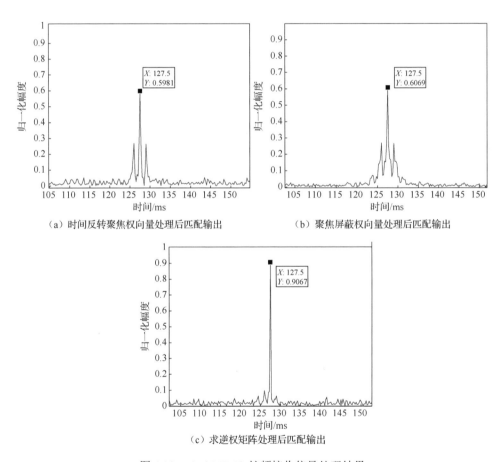

（a）时间反转聚焦权向量处理后匹配输出　　　　（b）聚焦屏蔽权向量处理后匹配输出

（c）求逆权矩阵处理后匹配输出

图 6-22　　4×8 MIMO 扩频接收信号处理结果

　　对于时间反转聚焦权向量处理结果，可以看到：在 4×4 MIMO 扩频系统中增加一个振速接收信号组成 4×5 MIMO 扩频系统时，时间反转聚焦权向量处理增益有了较为明显的提升，如图 6-20（b）和图 6-21（a）所示；在进一步增加额外三个振速接收信号组成 4×8 MIMO 系统时，时间反转聚焦权向量处理增益则并没有得到明显提升，如图 6-21（a）和图 6-22（a）所示。时间反转镜处理期望各个接收阵元具有明显的空间差异性（事实上最优时间反转镜处理希望接收阵元可以对整个波导的垂直深度范围进行覆盖），将振速输出信号作为增加阵元并没有增加空间差异性接收。图 6-23 给出了接收信号 1 声压及振速的估计信道及归一化相关结果，可以看到矢量水听器接收的声压信道和振速信道基本一致，具有较高的相关性，因此从 4×5 MIMO 扩频系统到 4×8 MIMO 系统时间反转镜处理增益并不明显。而从 4×4 MIMO 扩频系统到 4×5 MIMO 扩频系统时间反转镜处理出现较为明显的处理增益主要是因为期望信号相干叠加而噪声非相干叠加，即系统获得了矢量组合增益。图 6-21（a）和图 6.22（a）的输出相关旁瓣没有明显降低也可以说明增加振速阵元并没有增加时间反转镜处理的时间、空间聚焦增益。因此，对于时间反转聚焦权向量来说，采用矢量阵接收的 $M \times N$ MIMO 扩频系统无法等效成 $M \times 3N$ MIMO 扩频系统，但在时间反转聚焦权向量处理前可以对各个阵元首先进行 $p + 2v_c$ 矢量组合，最大化获得矢量组合增益，进而提高时间反转聚焦权向量处理增益。对于聚焦屏蔽权向量处理结果，由于其主要增益来自时间反转聚焦，因此其处理结果的分析与时间反转聚焦权向量处理结果的分析类似，这里不再赘述。

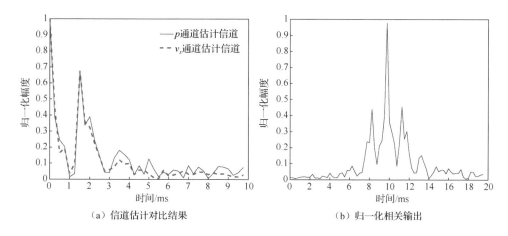

（a）信道估计对比结果　　　　　　　　　（b）归一化相关输出

图 6-23　矢量水听器声压及振速信道估计结果

对 4×5 MIMO 扩频系统第 10 个扩频符号持续时间的信号分别进行时间反转聚焦权向量和求逆权矩阵处理输出信号与本地参考扩频序列的匹配，结果如图 6-24 所示，其中估计信道采用第 1 个扩频符号持续时间信号估计信道。对比图 6-24（b）和图 6-21（c）（图 6-24 中的估计信道采用当前扩频符号持续时间信号估计信道）可以看到，由于水声信道发生了变化，因此求逆权矩阵的处理增益有所下降。但事实上从图 6-16 给出的信道测试结果来看，ExBH16 试验的冰下信道已十分稳定，图 6-24（b）的输出结果说明求逆权矩阵处理对信道估计/更新要求较高。而从图 6-24（a）中可以看到，时间反转聚焦权向量处理对信道估计/更新的要求不高。因此在利用求逆权矩阵进行频域处理时要注意对估计水声信道的更新频率。

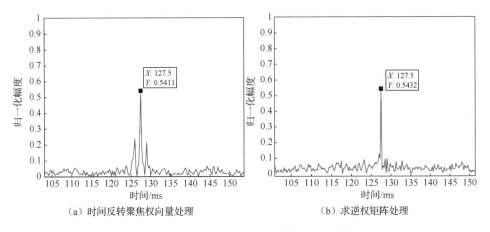

（a）时间反转聚焦权向量处理　　　　　　　　（b）求逆权矩阵处理

图 6-24　4×5 MIMO 扩频接收信号处理结果

参 考 文 献

[1] Huang Y T, Benesty J D, Chen J D. Acoustic MIMO Signal Processing[M]. New York: Springer-Verlag, 2006.

[2] Li B S, Huang J, Zhou S L, et al. MIMO-OFDM for high-rate underwater acoustic communications[J]. IEEE Journal of Oceanic Engineering, 2009, 34(4): 634-644.

[3] Zhang J, Zheng Y H R. Frequency-domain turbo equalization with soft successive interference cancellation for single carrier MIMO underwater acoustic communications[J]. IEEE Transactions on Wireless Communications, 2011, 10(9): 2872-2882.

[4] Song A J, Badiey M, McDonald V K, et al. Time reversal receivers for high data rate acoustic multiple-input/multiple-output communication[J]. IEEE Journal of Oceanic Engineering, 2011, 36(4): 525-528.

[5] Yang T C. Spatially multiplexed CDMA multiuser underwater acoustic communications[J]. IEEE Journal of Oceanic Engineering, 2016, 41(1): 217-231.

[6] Ling J, Yardibi T, Su X, et al. Enhanced channel estimation and symbol detection for high speed multi-input multi-output underwater acoustic communications[J]. Journal of the Acoustical Society of America, 2009, 125(5): 3067-3078.

[7] 张贤达. 矩阵分析与应用[M]. 北京: 清华大学出版社, 2004.

索 引

B

北极水声信道 ·················· 10

波束形成 ····················· 128

C

差分能量检测器 ·············· 42

差分相关检测器 ·············· 39

差分 Pattern 时延差编码 ·········· 113

D

多频道联合时延估计 ·············· 71

多普勒估计 ·················· 95

多普勒效应 ·················· 89

多普勒压缩扩展干扰 ·············· 91

多途扩展 ···················· 74

多址干扰 ··················· 142

多址通信 ··················· 139

Dirac 函数 ················· 155

DS-CDMA 系统 ··············· 161

G

高斯分布 ···················· 14

格林函数 ··················· 119

广义正弦调频信号 ·············· 81

H

互易原理 ··················· 119

混沌扩频码 ·················· 75

J

简正波 ····················· 121

解差分扩频检测器 ·············· 109

聚焦屏蔽权向量 ··············· 178

K

拷贝相关时延估计 ·············· 71

快速载波相位跳变干扰 ·········· 93

L

连续主动声呐 ················ 84

LS 准则 ···················· 177

M

码分多址 ··················· 139

码间干扰 ··················· 74

码内干扰 ··················· 74

脉冲噪声 ··················· 13

模糊函数 ··················· 98

M 元扩频 ··················· 55

M 元能量检测器 ·············· 56

MIMO 系统 ················· 172

MMSE 准则 ················· 176

P

频分多址 ··················· 139

Q

浅海水声信道 ……………………… 6
求逆权矩阵 ……………………… 183

S

射线声学 ……………………… 73
深海水声信道 ……………………… 16
声道轴 ……………………… 16
时变多途扩展干扰 ……………… 88
时分多址 ……………………… 139
时间反转镜 ……………………… 117
双差分相关检测器 …………… 108
水声信道 ……………………… 2
SIMO 系统 ……………………… 171
SαS 分布 ……………………… 14

W

伪随机序列 ……………………… 58

Walsh 序列 ……………………… 58

X

相干重置技术 ……………………… 69
信道估计 ……………………… 127
信道均衡 ……………………… 74
信道时变 ……………………… 127
信道相干时间函数 …………… 2
信道相关性 ……………………… 20
循环移位扩频 ……………… 51
循环移位能量检测器 ………… 51

Z

直接序列扩频 ……………… 37
置零干扰抵消 ……………… 145

彩　　图

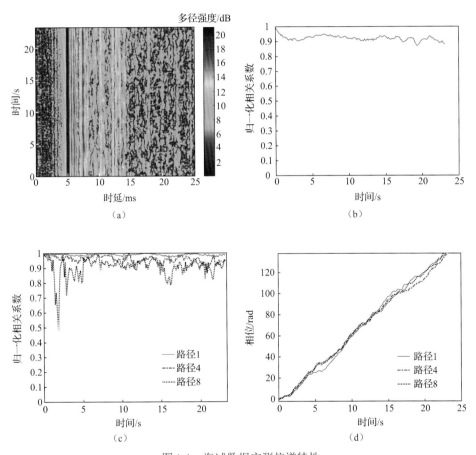

（a）

（b）

（c）

（d）

图 1-1　海试数据实测信道特性

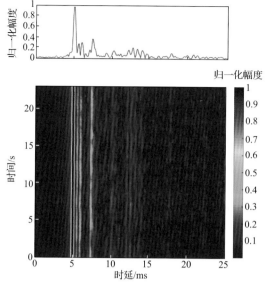

图 1-2　水声信道幅度归一化输出测试结果

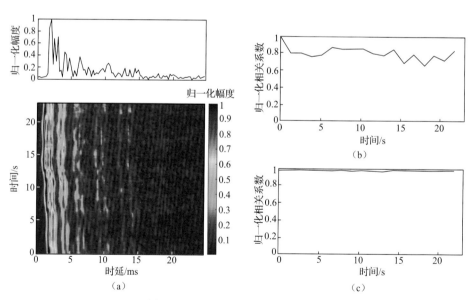

（a）

（b）

（c）

图 1-3　ExDL01 试验实测水声信道

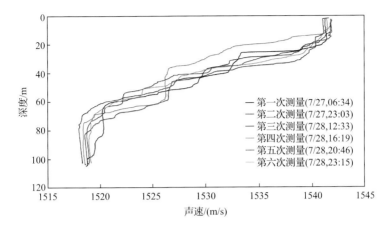

图 1-4 ExNH01 试验区域声速剖面图

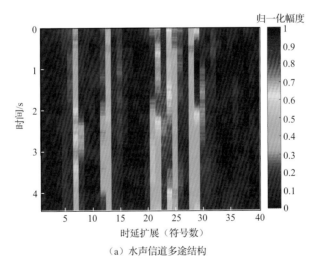

（a）水声信道多途结构

图 1-5 5km 距离处的水声信道特性

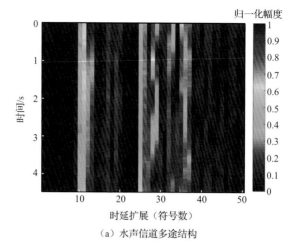

（a）水声信道多途结构

图 1-6   7km 距离处的水声信道特性

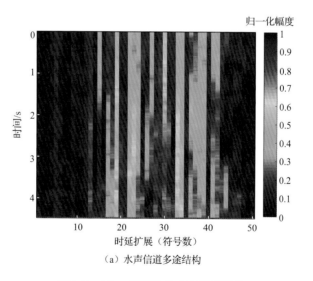

（a）水声信道多途结构

图 1-7   15km 距离处的水声信道特性

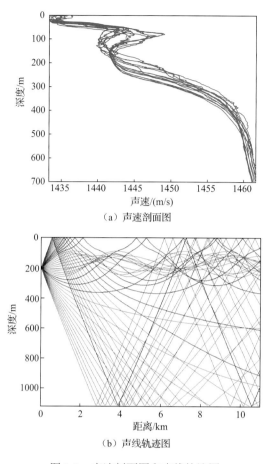

（a）声速剖面图

（b）声线轨迹图

图 1-8　声速剖面图和声线轨迹图

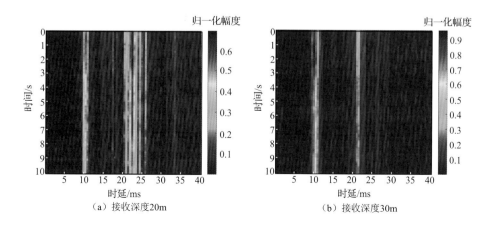

（a）接收深度20m

（b）接收深度30m

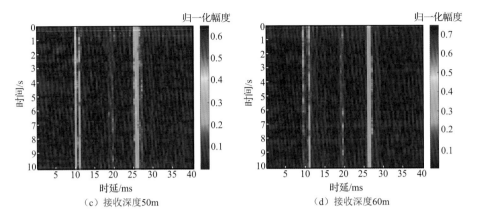

（c）接收深度50m （d）接收深度60m

图 1-9　不同深度下的信道冲激响应

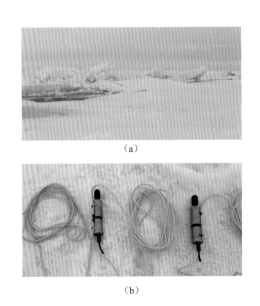

（a）

（b）

图 1-10　冰下噪声观测试验

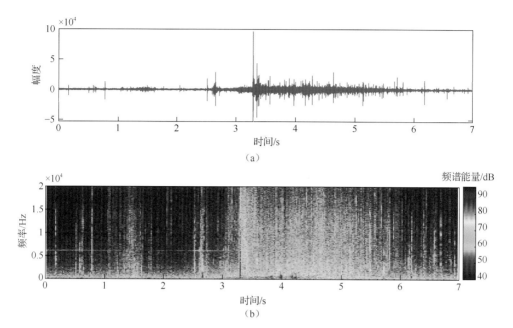

图 1-11　北极冰层碰撞噪声

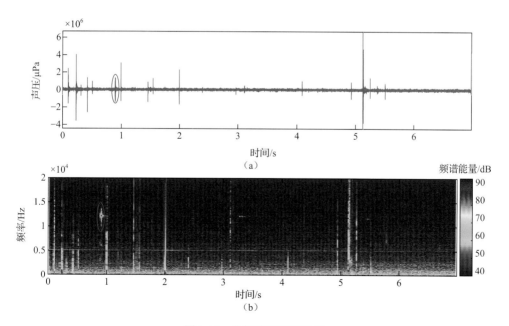

图 1-12　北极冰层破裂噪声

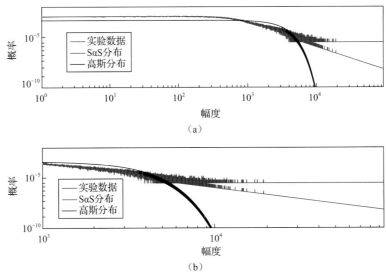

（a）

（b）

图 1-13　冰层碰撞噪声统计特性图

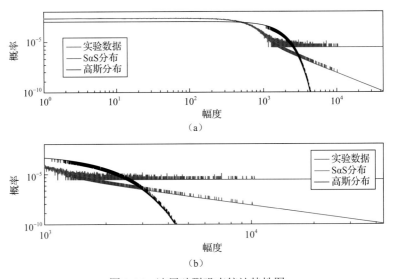

（a）

（b）

图 1-14　冰层破裂噪声统计特性图

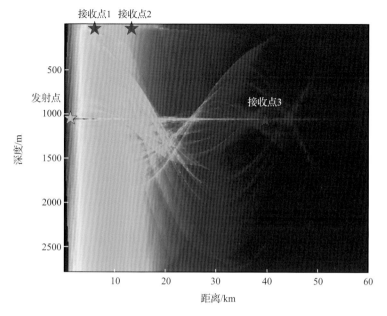

图 1-16　试验过程中首发节点位置

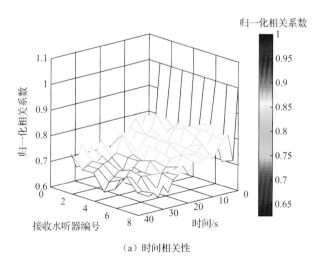

（a）时间相关性

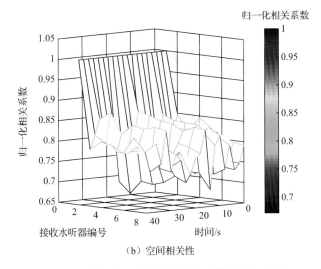

（b）空间相关性

图 1-21　利用帧同步信号测量得到的信道相关性

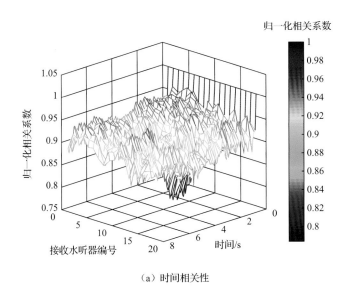

（a）时间相关性

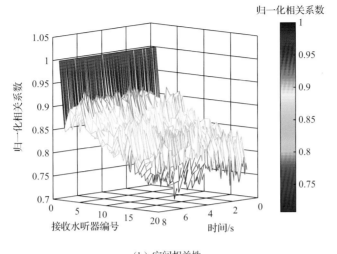

（b）空间相关性

图 1-25　声道轴信道相关性

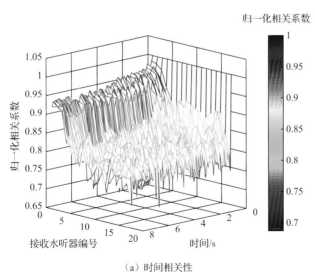

（a）时间相关性

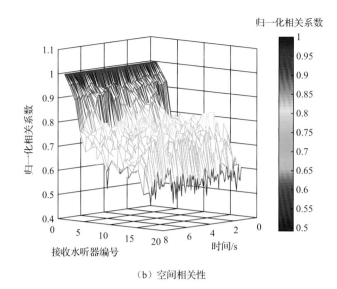

（b）空间相关性

图 1-29　海面信道相关性

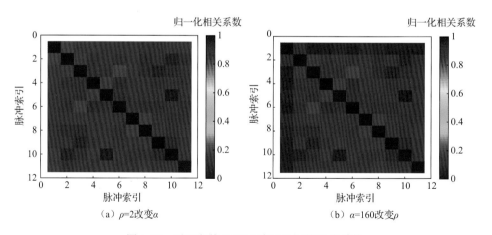

（a）$\rho=2$改变α　　　　　　　　　　　（b）$\alpha=160$改变ρ

图 2-37　不同参数 GSFM 波形之间的相关系数

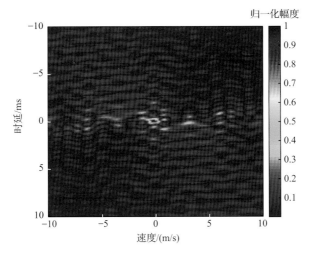

图 2-39　GSFM 信号的模糊函数

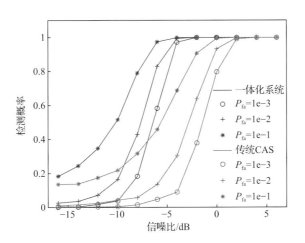

图 2-42　不同信噪比和虚警概率下的目标检测概率

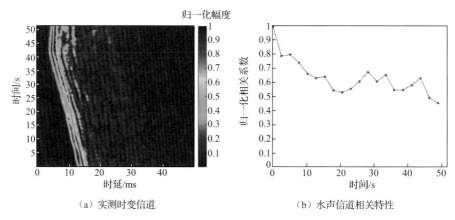

（a）实测时变信道　　　　　　　　　（b）水声信道相关特性

图 3-1　实测移动水声信道

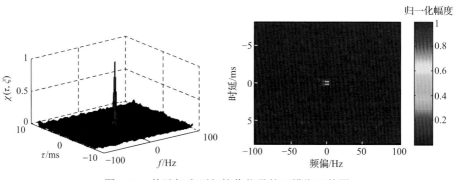

图 3-11　伪随机序列与接收信号的互模糊函数图

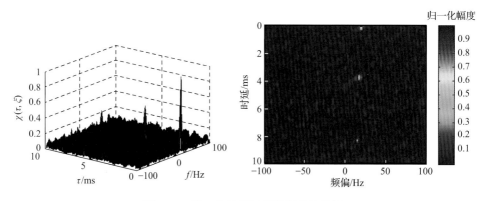

图 3-13　第 1 个扩频周期数据估计结果

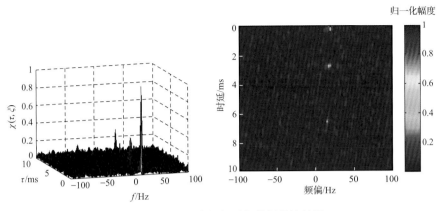

图 3-14　第 11 个扩频周期数据估计结果

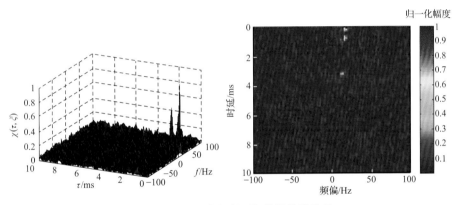

图 3-15　第 31 个扩频周期数据估计结果

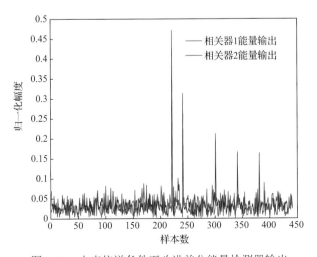

图 3-18　水声信道条件下改进差分能量检测器输出

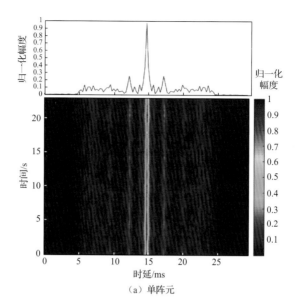

（a）单阵元

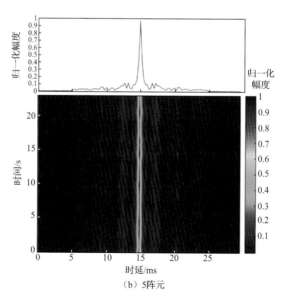

（b）5阵元

图 4-2　基于实际海试数据的时间反转镜处理 Q 函数

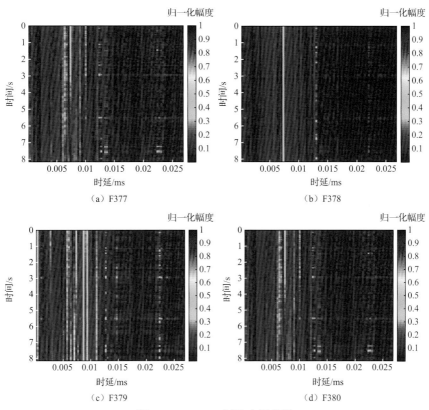

（a）F377 （b）F378

（c）F379 （d）F380

图 4-12 ExBJ11 试验实测信道

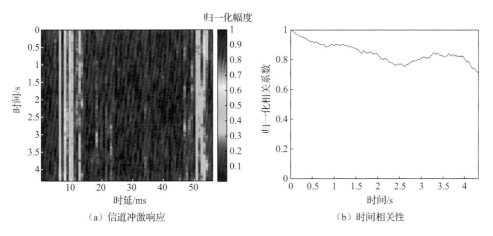

（a）信道冲激响应 （b）时间相关性

图 4-16 ExSo22 试验实测水声信道

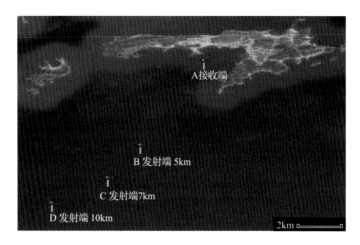

图 5-22　ExDL01 DS-CDMA 试验布局

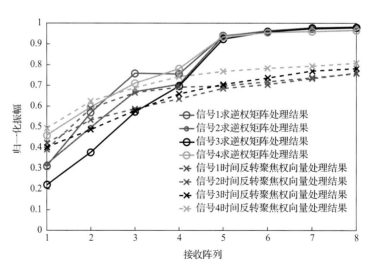

图 6-10　求逆权矩阵与时间反转聚焦权向量处理输出相关峰峰值曲线

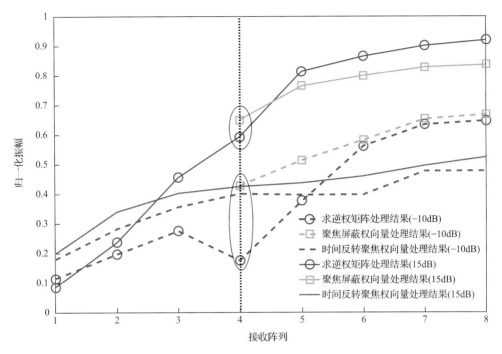

図 6-11 求逆权矩阵与聚焦屏蔽权向量处理输出相关峰峰值曲线

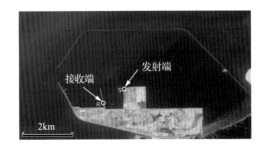

图 6-15 ExBH16 试验布局示意图

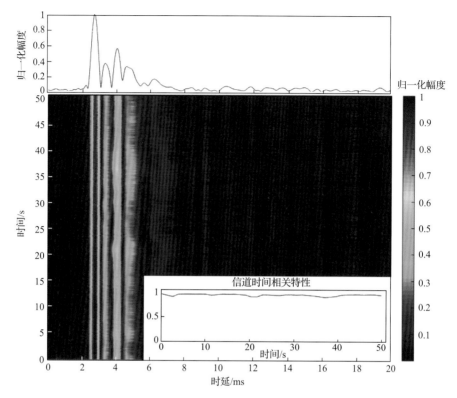

图 6-16 ExBH16 试验实测水声信道